计算机科学与技术丛书

鸿蒙App案例开发实战

生活应用与游戏开发30例

李永华 贾 凡◎编著

清华大学出版社
北京

内 容 简 介

鸿蒙不仅是我国第一款真正意义上的操作系统，也是可以使智能手表、智能手环、车机设备等万物互联互通的操作系统。本书结合当前高等院校创新实践课程，总结出媒体应用、健身娱乐、音乐美食、游戏开发等30个综合实战案例，其中包括系统架构、系统流程、开发工具、开发语言、开发实现、成果展示。

本书案例多样化，可满足不同开发者的需求；同时，本书附赠工程文件、视频讲解、程序代码和程序原图，供读者自我学习和提高使用。

图书在版编目（CIP）数据

鸿蒙App案例开发实战：生活应用与游戏开发30例/李永华，贾凡编著.—北京：清华大学出版社，2023.8（2025.1重印）

（计算机科学与技术丛书）

ISBN 978-7-302-63274-0

Ⅰ.①鸿…　Ⅱ.①李…②贾…　Ⅲ.①移动终端－操作系统－程序设计　Ⅳ.①TN929.53

中国国家版本馆 CIP 数据核字（2023）第 059716 号

责任编辑：崔　彤
封面设计：李召霞
责任校对：时翠兰
责任印制：宋　林

出版发行：清华大学出版社
　　　网　　　址：https://www.tup.com.cn，https://www.wqxuetang.com
　　　地　　　址：北京清华大学学研大厦 A 座　　　邮　　编：100084
　　　社　总　机：010-83470000　　　邮　　购：010-62786544
　　　投稿与读者服务：010-62776969，c-service@tup.tsinghua.edu.cn
　　　质量反馈：010-62772015，zhiliang@tup.tsinghua.edu.cn
　　　课件下载：https://www.tup.com.cn，010-83470236
印　装　者：三河市龙大印装有限公司
经　　　销：全国新华书店
开　　　本：186mm×240mm　　　印　张：21.5　　　字　　数：481 千字
版　　　次：2023 年 8 月第 1 版　　　印　　次：2025 年 1 月第 3 次印刷
印　　　数：2501～3500
定　　　价：79.00 元

产品编号：099656-01

前言
PREFACE

　　鸿蒙操作系统基于微内核、代码小、效率高、跨平台、多终端、不卡顿、长续航、不易受攻击的特点,在传统的单设备基础上,提出同一套系统能力、适配多种终端形态的分布式理念,创造一个超级虚拟终端互联的世界,将人、设备、场景有机地联系在一起,能够支持手机、平板电脑、智能穿戴、智慧屏等多种终端设备,提供移动办公、运动健康、社交通信等业务范围,将消费者在全场景生活中接触的多种智能终端实现极速发现、极速连接、硬件互助、资源共享。

　　大学作为传授知识、科研创新、服务社会的主要机构,为社会培养具有创新思维的现代化人才责无旁贷,而具有时代特色的书籍又是培养专业知识的基础。本书依据当今信息社会的发展趋势,基于工程教育教学经验,总结出 30 个案例,是具有自身特色的创新实践教材。

　　本书可作为信息与通信工程及相关专业的本科生教材,也可作为从事物联网、创新开发和设计的专业技术人员的参考用书。

　　本书的内容和素材主要来源于以下几方面:华为技术有限公司官网学习平台;作者所在学校近几年承担的教育部和北京市的教育、教学改革项目与成果;作者指导的研究生在物联网方向的研究工作及成果总结;北京邮电大学信息工程专业创新实践,该专业同学基于 CDIO 工程教育方法,实现创新研发,不但学到了知识,提高了能力,而且为本书提供了第一手素材和资料,在此向这些同学表示感谢。

　　本书的编写得到了华为技术有限公司、江苏润和软件股份有限公司、教育部电子信息类专业教学指导委员会、信息工程专业国家第一类特色专业建设项目、信息工程专业国家第二类特色专业建设项目、教育部 CDIO 工程教育模式研究与实践项目、教育部本科教学工程项目、信息工程专业北京市特色专业项目、北京高等学校教育教学改革项目的大力支持;本书由北京邮电大学教学综合改革项目(2022Y005)资助,在此表示感谢!

　　由于作者水平有限,书中不当之处在所难免,敬请读者不吝指正,以便作者进一步修改和完善。

李永华

2023 年 7 月

于北京邮电大学

目 录
CONTENTS

项目 1　科学饮食

本项目通过鸿蒙系统开发工具 DevEco Studio，基于 Java 开发一款科学饮食 App，实现每天营养摄入的监控和统计。

1.1　总体设计

本部分包括系统架构和系统流程。

1.1.1　系统架构

系统架构如图 1-1 所示。

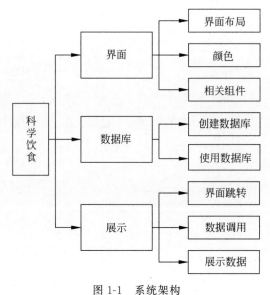

图 1-1　系统架构

1.1.2　系统流程

系统流程如图 1-2 所示。

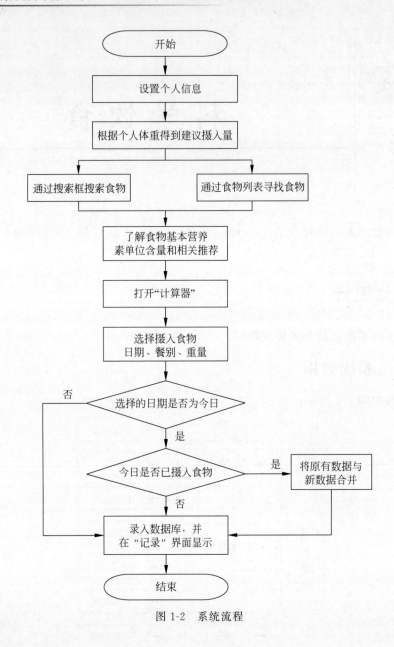

图 1-2 系统流程

1.2 开发工具

本项目使用 DevEco Studio 开发工具,安装过程如下。

(1) 注册开发者账号,完成注册并登录,在官网下载 DevEco Studio 并安装。

(2) 下载并安装 SDK 和 Toolchains。

(3) 新建项目选择 Empty Ability,输入项目名称 nutritionist 和存储地址,项目类型选择 Application,语言选择 Java,设备类型选择 Phone。

（4）创建后的应用目录结构如图 1-3 所示。在 src/main/java/com. example. nutritionist 目录下创建 bean、dialog、listener、provider 和 toastutils 等文件夹；在 Java/resources 目录下存放布局文件夹 layout、样式文件夹 graphic、多媒体文件夹 media。

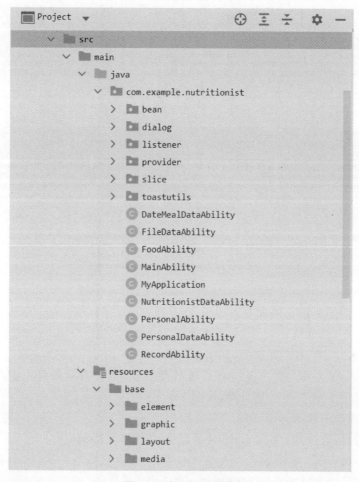

图 1-3　应用目录结构

（5）在 src/main/java 目录下进行科学饮食的应用开发。

1.3　开发实现

本项目包括界面设计和程序开发,下面分别给出各模块的功能介绍及相关代码。

1.3.1　界面设计

本部分包括图片导入、界面布局和完整代码。

1. 图片导入

首先,将选好的界面图片导入 project 中;然后,将各个食物种类的图片文件(.png 格式)保存在 src/main/resources/base/media 文件夹下,如图 1-4 所示。

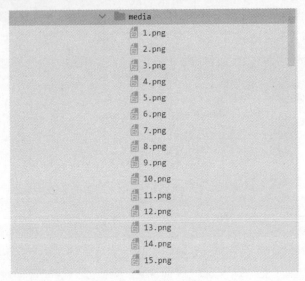

图 1-4　图片导入

2. 界面布局

科学饮食应用的界面布局如下。

图 1-5　导航栏

（1）主页通过 PageSlider 和 TabList 结合,实现滑动和界面选择,如图 1-5 所示。

（2）首页包括搜索框、当日营养素摄入量/建议摄入量和食物分类,如图 1-6 所示。

（3）无数据时,不显示记录,如图 1-7 所示。

（4）有数据时,通过 ListContainer 显示记录,如图 1-8 所示。

（5）个人界面如图 1-9 所示。

（6）个人信息修改界面如图 1-10 所示。

（7）食物列表如图 1-11 所示。

（8）食物详情如图 1-12 所示。

3. 完整代码

界面设计完整代码见本书配套资源"文件 1"。

1.3.2　程序开发

文件 1

本部分包括程序初始化、创建数据库、创建弹窗 commondialog 类、界面跳转、数据插入更新查询和完整代码。

图 1-6 首页设计图

图 1-7 无数据记录页

图 1-8 有数据记录页

图 1-9 个人界面

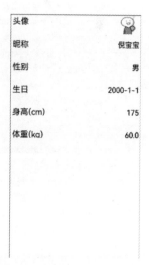

图 1-10 个人信息修改界面

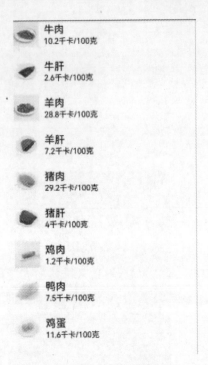

牛肉
10.2千卡/100克

牛肝
2.6千卡/100克

羊肉
28.8千卡/100克

羊肝
7.2千卡/100克

猪肉
29.2千卡/100克

猪肝
4千卡/100克

鸡肉
1.2千卡/100克

鸭肉
7.5千卡/100克

鸡蛋
11.6千卡/100克

羊肉
306千卡/每100克

营养元素	每100克	备注
热量	306千卡	
蛋白质	11.1克	
脂肪	28.8克	
碳水化合物	0.5克	
钙	11毫克	
磷	129毫克	
铁	2毫克	

食物红绿灯：
绿灯食物：代表在膳食指南推荐的范围内可以每天足量吃的食物，绝大部分的蔬菜水果、粗细粮、奶制品以及低脂肪的肉类都是绿灯食物。

图 1-11　食物列表　　　　　　　　图 1-12　食物详情

1. 程序初始化

在 MainAbilitySlice 中初始化，绑定 tablist 和 pageslider，使界面之间联动。

```
public void onStart(Intent intent) {
    super.onStart(intent);
    super.setUIContent(ResourceTable.Layout_ability_main);
        //获取系统当前日期
    Calendar ca = Calendar.getInstance();
    year = ca.get(Calendar.YEAR);                    //获取年份
    month = ca.get(Calendar.MONTH);                  //获取月份
    day = ca.get(Calendar.DATE);                     //获取日
    HiLog.info(LABEL_LOG, year + " - " + month + " - " + day);
        //绑定 tablist
    TabList tabList = (TabList) findComponentById(ResourceTable.Id_tab_list);
        //tablist 显示
    String[] tabListTags = {"记录", "首页", "我的"};
    for (int i = 0; i < tabListTags.length; i++) {
        //绑定 tablist 文字
        TabList.Tab tab = tabList.new Tab(this);
        tab.setText(tabListTags[i]);
        tabList.addTab(tab);
    }
    List < Integer > layoutFileIds = new ArrayList<>();
```

```
layoutFileIds.add(ResourceTable.Layout_ability_record);
layoutFileIds.add(ResourceTable.Layout_ability_food);
layoutFileIds.add(ResourceTable.Layout_ability_personal);
PageSlider pageSlider = (PageSlider) findComponentById(ResourceTable.Id_page_slider);
pageSlider.setProvider((new TabPageSliderProvider(layoutFileIds, this)));
//tablist 与 pageslider 联动
tabList.addTabSelectedListener(new TabList.TabSelectedListener() {
    @Override
    public void onSelected(TabList.Tab tab) {
        //获取单击的菜单索引
        int index = tab.getPosition();
        //设置 pagesslider 的索引与菜单索引一致
        pageSlider.setCurrentPage(index);
        if (index == 0) {//根据索引显示相关界面
            initRecord(pageSlider);
        } else if (index == 1) {
            initFood(pageSlider);
        } else if (index == 2) {
            initPersonal(pageSlider);
        }
    }
    @Override
    public void onUnselected(TabList.Tab tab) {
    }
    @Override
    public void onReselected(TabList.Tab tab) {
    }
});
pageSlider.addPageChangedListener(new PageSlider.PageChangedListener() {
    @Override
    public void onPageSliding(int i, float v, int i1) {
    }
    @Override
    public void onPageSlideStateChanged(int i) {
    }
    @Override
    public void onPageChosen(int i) {
        if (tabList.getSelectedTabIndex() != i) {
            tabList.getTabAt(i);
        }
    }
});
tabList.selectTabAt(1);
}
```

2. 创建数据库

在 DataAbilitySlice 中通过 databasehelper 和 executeSql 语句创建数据库，并使用

sqlite 语句插入数据。

```
private RdbOpenCallback callback = new RdbOpenCallback() {
    @Override
    public void onCreate(RdbStore rdbStore) {
        //创建数据库 personal 用于存储个人信息
        rdbStore.executeSql("create table if not exists personal (" +
                "id varchar(10)," +
                "name varchar(10)," +
                "gender varchar(5)," +
                "birthday varchar(20)," +
                "height varchar(10)," +
                "weight varchar(10)," +
                "should_in_protein varchar(10)," +
                "should_in_fat varchar(10)," +
                "should_in_carbohydrate varchar(10)," +
                "should_in_heat varchar(10))");
        rdbStore.executeSql("insert into personal (id,name,gender,birthday,height,weight,
                should_in_protein,should_in_fat,should_in_carbohydrate,should_in_heat)" +
                "VALUES ('一','倪宝宝','男','2000-1-1','175','60.0','0','0','0','0')");
        HiLog.info(LABEL_LOG, "建表成功");
    }
    @Override
    public void onUpgrade(RdbStore rdbStore, int i, int i1) {
    }
};
@Override
public void onStart(Intent intent) {
    super.onStart(intent);
    helper = new DatabaseHelper(this);
    rdbStore = helper.getRdbStore(config, 1, callback);
}
```

3. 创建弹窗 commondialog 类

滑动选择器进行性别选择,用相关函数监听选择器内容,通过按键将选择好的性别传出弹窗。

```
public class GenderPickerDialog extends CommonDialog implements Component.ClickedListener {
    private Context context;
    private PickerdialogListener listener;
    private Picker picker;
    private Button cancelbtn, affirmbtn;
    String getdata;
    //设置值
    private String[] getStr = {"男", "女"};
    DirectionalLayout layout;
    public GenderPickerDialog(Context context, PickerdialogListener listener) {
```

```
        super(context);
        this.listener = listener;
        this.context = context;
    }
    @Override
    protected void onCreate() {
        super.onCreate();
        layout = (DirectionalLayout) LayoutScatter.getInstance(context).
                parse(ResourceTable.Layout_gender_picker_common_dialog, null, true);
        setTransparent(true);
        setContentCustomComponent(layout);
//绑定组件
        picker = (Picker) layout.findComponentById(ResourceTable.Id_gender_picker);
        cancelbtn = (Button) layout.findComponentById(ResourceTable.Id_gender_cancel_btn);
        affirmbtn = (Button) layout.findComponentById(ResourceTable.Id_gender_affirm_btn);
        cancelbtn.setClickedListener(this);
        affirmbtn.setClickedListener(this);
        picker.setDisplayedData(getStr);
//监听器
        picker.setValueChangedListener((picker1, oldVal, newVal) -> {
            //oldVal 是上次选择的值;newVal 是最新选择的值
            getdata = getStr[newVal];
        });
//设置选择器内容
        picker.setFormatter(i -> {
            String value;
            switch (i) {
                case 0:
                    value = "男";
                    break;
                case 1:
                    value = "女";
                    break;
                default:
                    value = "" + i;
            }
            return value;
        });
    }
//单击事件,用于关闭弹窗和传递值
    @Override
    public void onClick(Component component) {
        switch (component.getId()) {
            case ResourceTable.Id_gender_affirm_btn:
                GenderPickerDialog.this.hide();
```

```
        String[] a = {getdata};
        listener.getPickerStrSuccess(a);
        break;
    case ResourceTable.Id_gender_cancel_btn:
        GenderPickerDialog.this.hide();
        listener.getPickerStrerror();
        break;
    default:
        break;
    }
  }
}
```

4. 界面跳转

程序监听单击事件,可跳转同一 Ability 的其他子界面和主界面,同时能实现无参无返回的跳转、有参无返回的跳转、有参有返回的跳转。

(1) 有参无返回的同一 Ability 其他子界面跳转代码如下。

```
@Override
public void onItemClicked(ListContainer listContainer, Component component, int i,
long l) {
    item item = (item) listContainer.getItemProvider().getItem(i);
    Intent intent1 = new Intent();
    //界面跳转
    Operation operation2 = new Intent.OperationBuilder()
            .withAction("fooddetails")
            .build();
    intent1.setOperation(operation2);
    intent1.setParam("foodname", item.getName());
    startAbility(intent1);
}
```

(2) 有参有返回的同一 Ability 的其他子界面跳转代码如下。

```
public void onClick(Component component) {
    if (component == name) {
        //修改姓名
        String username = name.getText();
        Intent i = new Intent();
        i.setParam("username", username);
        //带有返回值的界面跳转
        presentForResult(new NameChangeSlice(), i, 200);}
protected void onResult(int requestCode, Intent resultIntent) {
    super.onResult(requestCode, resultIntent);
    if (requestCode == 200) {
        //验证校验码
        String result = resultIntent.getStringParam("username");
```

```
            name.setText(result);
            ValuesBucket valuesBucket = new ValuesBucket();
            valuesBucket.putString("name", result);
            DataAbilityPredicates predicates = new DataAbilityPredicates()
                    .equalTo("id", "一");
            try {//将姓名更新到数据库中
                dataAbilityHelper.update(uri, valuesBucket, predicates);
            } catch (DataAbilityRemoteException e) {
                e.printStackTrace();
            }
        }
    }
}
```

5. 数据插入更新查询

程序可调用相关函数,对数据进行插入更新查询操作,DataAbility 相关代码如下。

```
//查询语句
public ResultSet query(Uri uri, String[] columns, DataAbilityPredicates predicates) {
    RdbPredicates rdbPredicates = DataAbilityUtils.createRdbPredicates(predicates, "datemeal");
    //使用 query 方法
    ResultSet resultSet = rdbStore.query(rdbPredicates, columns);
    return resultSet;
}
    //插入语句
@Override
public int insert(Uri uri, ValuesBucket value) {
    HiLog.info(LABEL_LOG, "DateMealDataAbility insert");
    int i = -1;
    //获取数据库 URI
    String path = uri.getLastPath();
    //使用 insert 方法
    if ("datemeal".equals(path)) {
        i = (int) rdbStore.insert("datemeal", value);
    }
    return i;
}
@Override
public int delete(Uri uri, DataAbilityPredicates predicates) {
    return 0;
}
//更新语句
@Override
public int update(Uri uri, ValuesBucket value, DataAbilityPredicates predicates) {
    RdbPredicates rdbPredicates = DataAbilityUtils.createRdbPredicates(predicates, "datemeal");
    //使用 update 方法,对已有数据进行更新
    int index = rdbStore.update(value, rdbPredicates);
    HiLog.info(LABEL_LOG, "update: " + index);
```

```
DataAbilityHelper.creator(this, uri).notifyChange(uri);
return index;
}
```

6. 完整代码

程序开发的完整代码见本书配套资源"文件2"。

文件2

1.4　成果展示

　　打开App,应用初始界面如图1-13所示。应用开始时会出现在首页,首页中显示的内容有搜索框、摄入营养素含量可视化、食物分类表格。下方有标签栏,可通过单击标签或左右滑动屏幕转到相应界面。切换到"我的"界面,显示用户头像和昵称,如图1-14所示。单击修改个人信息,用户可单击昵称、性别、生日、身高、体重各栏中的具体数值,打开相应弹窗进行修改,如图1-15所示。

图1-13　应用初始界面　　　　图1-14　"我的"界面　　　　图1-15　个人信息修改界面

　　单击用户名,进入昵称修改界面并进行保存,如图1-16所示;单击男,打开性别修改弹窗,如图1-17所示;单击2000-1-1,打开生日修改弹窗,如图1-18所示;单击175,打开身高修改弹窗,如图1-19所示。

图 1-16 保存信息

图 1-17 性别修改弹窗

图 1-18 生日修改弹窗

图 1-19 身高修改弹窗

单击 60.0,打开体重修改弹窗,如图 1-20 所示;修改完成后的个人信息如图 1-21 所示;再次回到首页,在摄入可视化中可以看到推荐摄入一栏中的数值发生变化,这是根据用户体重进行更改的,同时,碳水化合物、蛋白质、脂肪三项进度条的最大值也发生变化,如图 1-22 所示。

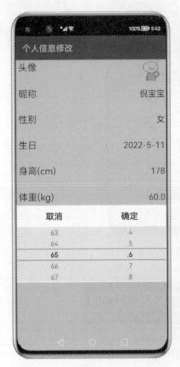

图 1-20　体重修改弹窗

图 1-21　完成个人信息修改

图 1-22　体重修改后界面

单击食物分类可以跳转到食物列表,其中显示名称、图片及相应单位重量对应的热量,如图 1-23 所示;单击其中一项,可以进入该食物详情界面,界面中显示食物每百克中所含热量、蛋白质、脂肪、碳水化合物、钙磷铁元素含量。下方根据食物特性给出红绿灯推荐,如图 1-24 所示。

在首页搜索栏中输入食物名称,同样可以进入食物详情界面。单击食物详情界面中的计算器图标可以打开弹窗。选择日期和餐别,使用键盘输入摄入食物重量,显示出每百克热量。单击确认,将摄入量和日期记入数据库中,如图 1-25 所示;回到首页,在标签栏中单击记录,显示记录的日期及摄入热量,如图 1-26 所示;单击首页,当日摄入营养素含量会进行可视化,以进度条的方式显示,如图 1-27 所示。

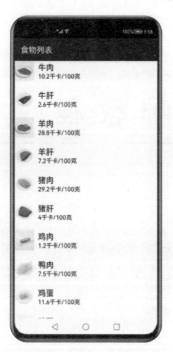

图 1-23 食物列表

图 1-24 食物详情

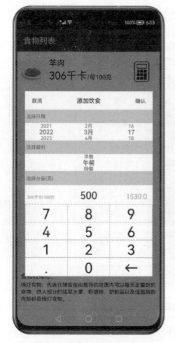

图 1-25 计算器弹窗

图 1-26 记录界面

图 1-27 摄入量可视化

项目 2 咖 啡 教 程

本项目前端通过鸿蒙系统开发工具 DevEco Studio，基于 JavaScript 实现前端界面及相关逻辑操作；后端通过 Python 开发工具 PyCharm，使用 fastapi 和 uvicorn 工具包，实现用户数据管理和服务管理。

2.1 总体设计

本部分包括系统架构和系统流程。

2.1.1 系统架构

系统架构如图 2-1 所示。

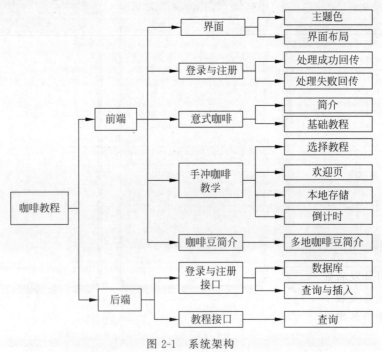

图 2-1 系统架构

2.1.2　系统流程

系统流程如图 2-2 所示。

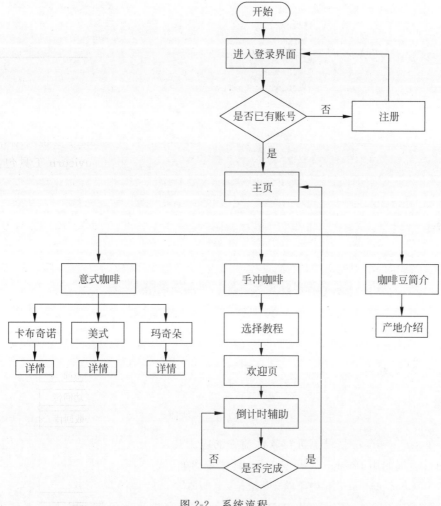

图 2-2　系统流程

2.2　开发工具

本项目前端使用 DevEco Studio 开发工具,安装过程如下。

(1)注册开发者账号,完成注册并登录,在官网下载 DevEco Studio 并安装。

(2)下载并安装 Node.js。

(3)新建设备类型和模板,首先设备类型选择 Phone,然后选择 Empty Feature Ability (JS),最后单击 Next 并填写相关信息。

（4）创建后的应用目录结构如图 2-3 所示。

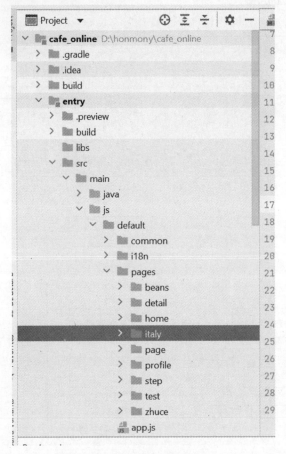

图 2-3　应用目录结构

（5）在 src/main/js 目录下进行软件前端的应用开发。

本项目后端使用 PyCharm 开发工具，具体步骤如下。

（1）在 www.python.org 中下载 Python 3.9 版本。

（2）通过 PyCharm 官网下载 IDE 安装包，可进行高校学生免费使用认证。

（3）在终端界面中通过 pip install 命令安装所需的 Python 依赖，示例如下。

```
Pip install fastapi
Pip install uvicorn
Pip install sqlalchemy
```

（4）通过 pip version 命令查看上述依赖是否安装成功。

（5）新建后缀为 .py 的文件，进行开发。

本项目服务器端使用 docker 开发工具创建所需的 Python 环境，具体步骤如下。

（1）通过服务器端远程窗口，登录到项目存放的父目录。

（2）在阿里云（或任意国内镜像）中拉取 docker 镜像。

（3）安装 docker ce（社区版）。

（4）使用 dockers version 查看是否安装成功，如图 2-4 所示。

```
[root@iZbp14ak3swm571msqxpohZ ~]# docker version
#Client: Docker Engine - Community
# Version:          20.10.0
 API version:       1.40
 Go version:        go1.13.15
 Git commit:        7287ab3
 Built:             Tue Dec  8 18:57:35 2020
 OS/Arch:           linux/amd64
 Context:           default
 Experimental:      true

#Server: Docker Engine - Community
 #Engine:
 # Version:          19.03.14
  API version:      1.40 (minimum version 1.12)
  Go version:       go1.13.15
  Git commit:       5eb3275d40
  Built:            Tue Dec  1 19:19:17 2020
  OS/Arch:          linux/amd64
  Experimental:     false
 containerd:
  Version:          1.2.6
  GitCommit:        894b81a4b802e4eb2a91d1ce216b8817763c29fb
```

图 2-4　安装成功

本项目的服务器端使用 MYSQL 数据库，具体步骤如下。

（1）进入官网下载所需 MYSQL 安装包。

（2）在服务器端使用 tar -xvf 命令对已传输到服务器端的安装包进行解压。

（3）创建用户组和用户并修改权限。

（4）创建数据目录并赋予权限。

（5）初始化数据库。

（6）启动数据库并修改密码。

（7）在服务器端安全组中加入 3306 端口，同时将本地的 IP 加入服务器端远程连接数据库的白名单中。

（8）使用 Navicat 远程的数据库管理，如图 2-5 所示。

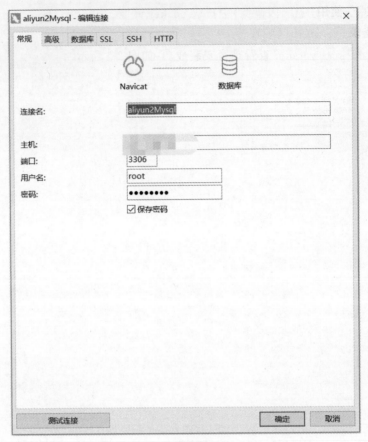

图 2-5　数据库管理

2.3　开发实现

本部分包括前端设计和后端开发,下面分别给出各模块的功能介绍及相关代码。

2.3.1　前端设计

本部分包括界面布局、注册登录、意式咖啡、手冲咖啡和咖啡豆简介。

1. 界面布局

结合咖啡产品的特色,将软件的主题色设置为#b26320,符合一款咖啡相关的 App 主题色,并使用组件中的颜色相关属性对全局的主题色统一。其中,在登录和注册界面,出于强调登录/注册组件的需求,选用色调相近,色温更深的颜色作为 input 组件和 button 组件的底色。

对于产品不同功能采用首页加分页展示的形式,导入工程所需的照片(.svg 格式)文件作为按钮的背景照片,提高美观度和实用性。将背景照片保存在 js/default/common/

images 文件夹下，使用"src＝"渲染，如图 2-6 所示。

2．注册登录

注册与登录界面的文件组成如图 2-7 所示。

图 2-6　渲染照片

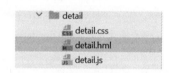

图 2-7　注册与登录界面的文件组成

通过@change 属性，实时绑定前端输入的登录、注册所需的 Email 及 Password，登录按钮通过 onclick 属性绑定提交登录/注册函数，函数分析如下。

（1）定义 fetch 方法。

```
url:http://8.140.5.99/users/login //定义后端使用的 URL
method: "POST",//定义登录函数为 post 方法
```

（2）定义传递的数据和 header。

```
data: {
    "email":this.email
        "password": this.password
},
header: {
    'accept': 'application/json',
    'Content－Type': 'application/json'
},
```

（3）定义成功回调函数。

```
success: function (response) {
```

```
        console.info("fetch success");              //打印日志
        that.id = response.data.id;
        router.push({
            uri: 'pages/home/home',                  //指定跳转
        })
        },
```

(4) 定义失败回调函数。

```
    fail: function (response) {
        that.responseData = JSON.stringify(response.data);
console.info("fetch fail" + response.text + response.code);
that.showhintDialog()                            //失败后弹窗提示消息
},
```

(5) 完整代码。

```
    btn() {                                          //登录函数
var that = this;
fetch.fetch({
        url: that.url,
        method: "POST",                              //定义登录函数为 post 方法
        data: {
            "email": this.email,
            "password": this.password                //将邮箱和密码发送给服务器端验证
        },
        header: {
            'accept': 'application/json',
            'Content - Type': 'application/json'
        },
        responseType: "json",
        success: function (response) {
            console.info("fetch success");
            console.info(response.data);             //登录成功时从服务器端获取数据
            that.id = response.data.id;
            router.push({
                uri: 'pages/home/home',              //指定跳转
            })
            that.responseData = JSON.stringify(response);
        },
        fail: function (response) {                  //失败,打印日志以便调试
            that.responseData = JSON.stringify(response.data);
            console.info("fetch fail" + response.text + response.code);
            that.showhintDialog()
        }
    });
},
```

3. 意式咖啡

意式咖啡界面包括简介界面和详细操作界面,通过 button、pop-up 组件搭配,实现两个

界面之间的连接；通过 swiper 组件将多个界面组合在一起,如图 2-8 所示。

```
<swiper class="swiper" id="swiper" index="0" indica
        scrolleffect="spring">

    <div class = "swiperContent1" >...</div>

    <div class = "swiperContent2" >...</div>

    <div class = "swiperContent2" >...</div>

</swiper>
```

图 2-8　简介结构

通过设置 button 组件的 onclick 属性,绑定弹出和关闭教程,相关代码如下。

```
    showPanel3() {                    //打开弹板,内容为教程
        this. $ element('simplepanel1').show()
    },
    closePanel() {                    //关闭弹板
        this. $ element('simplepanel1').close()
    },
```

简介界面采用主图、简介和小图的排列方式,通过嵌套 div 组件对格局进行调整,相关
代码如下。

(1) 显示标题。

```
    < div id = "div1">
    < text id = "text1">意式咖啡</text> <! -- 显示标题 -->
</div >
```

(2) 通过小 icon 表示制作过程。

```
    < div class = "image2">
        < image src = "common/images/bean.svg"></image>
            <!-- 代表步骤的 icon1 -->
        < image src = "common/images/bu.svg"></image>
            <!-- 代表步骤的 icon2 -->
        </div>
```

(3) 按钮。

```
    < button class = "buttons" type = "capsule"
    onclick = "showPanel">Detail </button>
        <!-- 显示详细的按钮 -->
```

(4) Panel。用 for 循环展示所有数据。

```
    < div class = "panel - div">
    < text class = "text2" for = "{{text2}}">{{ $ item}}</text>
```

（5）完整代码。

```html
< div class = "swiperContent1" >
< div id = "wrapper">
    < div id = "div1">
        < text id = "text1">意式咖啡</text> <!-- 标题 -->
    </div>
    < divider id = "divider1"></divider>
    < div id = "div2">
        < image id = "image1" src = "common/images/cappuccino-11852.png"></image>
        < text id = "text3"> Cappuccino </text>
        < text id = "text4">卡布奇诺</text> <!-- 名字 -->
        < div id = "div3">
            < divider id = "divider3"></divider>
        </div>
    </div>
    < div style = "flex-wrap: wrap" class = "toggle">
        < toggle class = "margin" for = "{{toggles}}">{{ $ item}}</toggle>
    </div>
    < div class = "text1">
        < text >{{text1}}</text>
    </div>
    < div class = "image2">
    < image src = "common/images/bean.svg"></image> <!-- 代表步骤的 icon -->
    < image src = "common/images/bu.svg"></image>
    < image src = "common/images/machine.svg"></image>
    < image src = "common/images/milk.svg"></image>
    </div>
    < divider ></divider>
    < div class = "bnt">
    < button class = "buttons" type = "capsule" onclick = "showPanel"> Detail </button> <!-- 显
示详细的按钮 -->
    </div>
    < panel id = "simplepanel1" type = "foldable" mode = "half" onsizechange = "changeMode"
miniheight = "200px">
        < div class = "panel-div">
            < text class = "text2" for = "{{text2}}">{{ $ item}}</text> <!-- panel 内的内容 -->
            < div class = "inner-btn">
                < button class = "buttons" type = "capsule" onclick = "closePanel"> Close
</button>
            </div>
        </div>
    </panel>
</div>
</div>
```

4. 手冲咖啡

手冲咖啡教程提供多个产地及品种，通过前后端分离开发，实现快速更新及维护。

以 stepper 为教程内容的呈现框架，通过后端返回的数据进行展示，包括粉量、研磨度、温度和焖煮的时间等数据,并在需要计时的步骤提供相应的倒计时界面,帮助用户更专注地完成手冲咖啡的制作。在完成所有步骤后弹出完成提示,单击确认后返回首页。

(1)欢迎页遵循拟物风设计,用户相当于打开一本书,欢迎页相当于扉页,相关代码如下。

```
< stepper - item if = "{{ label_1[0] }}" label = "{{label_1[0]}}">
    < div class = "para">
        < div id = "div1">
            < text id = "text1">欢迎来到</text >
            < text id = "text1">Cafe Online Tutorials </text >
            < div id = "div2">
                < divider id = "divider1"></divider >
            </div >
        </div >
    </div >
</ stepper - item >
```

(2)fetch获取后端数据到前端并存储到本地,将获取和存储嵌套在一起,以便后续教程的所有界面按需使用,相关代码如下。

```
fetch.fetch({                                    //获取数据
    url: that.url + that.index,
    success: function (response) {
        console.info("fetch success");
        storage.set({                            //将数据存储在本地
            key: that.dataa.coffee_id,
            value: response.data,
            success: function() {
                console.log('call storage.set success.')    //打印日志
                console.log(that.dataa.coffee_id)
            },
            fail: function(data, code) {
                console.log('call storage.set fail, code: ' + code + ', data: ' + data);
                                                 //失败打印日志以便调试
            },
        });
        router.push ({
            uri:'pages/step/step',                //指定要跳转的界面
        });
    },
    fail: function (response) {                   //获取后端数据失败后调用
        that.responseData = JSON.stringify(response.data);
        console.info("fetch fail" + response.text + response.code);
            //打印相关的错误代码以便调试
        that.showhintDialog_err()
```

(3)倒计时。使用setInterval函数,每秒调用一次自减函数,在传入的数据大于0时会自减1,小于0时会调用clearinterval函数,清除倒计时函数。在倒计时的过程中调用计算函数,对剩余的秒数占总秒数的百分比进行计算,以供前端的界面显示,相关代码如下。

```
run1(){                                    //倒计时减1s
    if (this.dataa.second > 0 ) {
        this.dataa.second -- ;
        console.log("run1 finish2")
        this.cal()
    }
    else{
        clearInterval(this.intervalID)     //当剩余秒数小于0时,清除倒计时
        console.log("id has been cleared")
    }
},
countdown () {                             //通过This调用减1s函数
    console.log("start cntdown")           //打印日志方便调试
    this.intervalID = setInterval(         //每秒调用一次自减函数
        this.run1, 1000);
},
```

5. 咖啡豆简介

通过照片的形式对不同产区的咖啡豆品种进行展示,方便用户了解相关知识。

2.3.2 后端开发

本部分包括后端部署和后端代码。

1. 后端部署

新建文件如图2-9所示。

main.py	5/7/2022 10:18 AM	JetBrains PyCharm	3 KB
crud.py	5/7/2022 9:31 AM	JetBrains PyCharm	2 KB
models.py	5/7/2022 9:31 AM	JetBrains PyCharm	2 KB
schemas.py	5/7/2022 9:31 AM	JetBrains PyCharm	2 KB
database.py	5/1/2022 4:06 PM	JetBrains PyCharm	1 KB
requirements.txt	4/27/2022 2:28 PM	Text Document	2 KB
Dockerfile	4/26/2022 10:50 PM	File	1 KB

图 2-9　新建文件

database.py 文件设定服务器端数据库用户名及密码,在 SQLAlchemy 中,CRUD 通过会话进行管理。因此,通过该文件创建会话。同时,创建基本映射类 Base,以供 CRUD 和 model.py 文件使用。

schemas.py 文件用于设置 HTTP 请求的数据格式。

models.py 文件用于设置在同一实例内不同表格的属性,包括但不限于 name、data type、primary key 和 index。

crud.py 文件用于定义对后端数据库操作。

main.py 文件用于定义接口写法,调用 schemas.py 文件确定返回的数据类型,调用 crud.py 文件将前端数据写入后端,并在相关错误出现时抛出报文。

requirements.txt 文件是 Python 导出文件所需要安装的依赖,通过 pip install -r requirements.txt 导出。

Dockerfile 文件用于在服务器端使用 docker 工具运行相关文件时提供步骤指引,相关代码如下。

```
# 拉取 3.9 镜像
FROM python:3.9
# 指定项目文件夹
WORKDIR /code
# 将 requirement 复制到项目文件夹
COPY ./requirements.txt /code/requirements.txt
# 下载所需依赖,同时还原至豆瓣源,加快下载速度
RUN pip install -- no - cache - dir -- upgrade - r /code/requirements.txt - i https://pypi.
douban.com/simple/
# COPY ./app /code/app
# CMD 命令运行 main.py 文件,指定 8082 端口
CMD ["uvicorn", "app.main:app", "-- host", "0.0.0.0", "-- port", "8082"]
```

CMD:docker build -t -name myimage,运行后端文件创建 docker。

CMD:docker run -d --name mycontainer -p 8082:8082 myimage,运行创建的 docker,并将 8082 端口映射到 8082 服务器端口,输入 docker ps -a 检查是否运行成功,如图 2-10 所示。

CONTAINER ID	IMAGE	COMMAND	NAMES	CREATED	STATUS	PORTS
a81f5321224f	myimage4	"uvicorn app.main:ap…" mycontainer4		6 days ago	Up 6 days	0.0.0.0:8082->8082/tcp, :::8082->8082/tcp

图 2-10　运行 docker

配置数据库的文件为 database.py,相关代码如下。

```
from sqlalchemy import create_engine
from sqlalchemy.ext.declarative import declarative_base
from sqlalchemy.orm import sessionmaker
# 类型 + pymysql://用户:密码@主机号/数据库名
SQLALCHEMY_DATABASE_URL = "mysql + pymysql://root:password@host:port/name"
# echo = True 表示引擎将用 repr()函数记录所有语句及其参数列表到日志
engine = create_engine(
    SQLALCHEMY_DATABASE_URL, encoding = 'utf8', echo = True
)
# 在 SQLAlchemy 中,CRUD 通过会话进行管理,所以需要先创建会话
# 每个 SessionLocal 实例就是一个数据库 session
# flush 指发送语句到数据库,但数据库未必执行写入磁盘
# commit 指提交事务,将变更保存在数据库文件中
SessionLocal = sessionmaker(autocommit = False, autoflush = False, bind = engine)
# 创建基本映射类
Base = declarative_base()
```

配置数据库如图 2-11 所示,相关代码如下。

图 2-11　数据库图表

```
class User(Base):
    __tablename__ = "users"
    id = Column(Integer, primary_key = True, index
= True)
```

```
email = Column(String(32), unique = True, index = True)
hashed_password = Column(String(32))
is_active = Column(Boolean, default = True)
```

2. 后端代码

用户相关的后端代码如下。

（1）新建用户。

```
♯指定接口为/users,返回数据格式为 schemas 中的 user
@app.post("/users/", response_model = schemas.User)
♯定义一个 create_user 函数,内含两个参数,其中 user 按照 schemas 中的格式,目标数据库是 db 文
♯件中的 MySQL 数据库,调用 crud 文件的 create_user 函数
def create_user(user: schemas.UserCreate, db: Session = Depends(get_db)):
    return crud.db_create_user(db = db, user = user)
```

db_create_user 的函数如下。

```
def db_create_user(db: Session, user: schemas.UserCreate):
    fake_hashed_password = user.password + "notreallyhashed"
    db_user = models.User(email = user.email, hashed_password = fake_hashed_password)
                                            ♯获取密码和邮箱
    db.add(db_user)                         ♯添加
    db.commit()                             ♯提交保存在数据库中
    db.refresh(db_user)                     ♯刷新
    return db_user
```

（2）登录接口。

```
    ♯指定接口为/users/login,返回数据格式为 schemas 中的 user
    @app.post("/users/login/", response_model = schemas.User)
    ♯定义 log in 函数
def log_in(user: schemas.UserCreate, db: Session = Depends(get_db)):
    login = crud.log_in(db = db, user = user)
        ♯出现问题时抛出报错
if not login:
    raise HTTPException(status_code = 404, detail = "wrong")
return login
```

login 函数如下。

```
def log_in(db: Session, user: schemas.UserCreate):
    return db.query(models.User).filter(models.User.hashed_password == user.password +
'notreallyhashed').first()                  ♯MySQL 的查询语句
```

（3）获取咖啡教程相关接口。

```
def read_coffee(coffee_id: int, db: Session = Depends(get_db)):
♯定义函数并嵌套 curd 文件内的方法
    db_coffee = crud.get_coffee(db, coffee_id = coffee_id)
    if not db_coffee:
        raise HTTPException(status_code = 404, detail = "Coffee not found")
    return db_coffee
```

get_coffee 函数如下。

```
def get_coffee(db: Session, coffee_id: int):
    return db.query(models.Coffee).filter(models.Coffee.coffee_id == coffee_id).first()
//MySQL 的查询语句,根据 ID 查询
```

2.4　成果展示

打开 App,应用初始界面如图 2-12 所示;第一次使用的用户单击注册,如图 2-13 所示;注册成功后,单击"确定"按钮自动跳转至登录界面,如图 2-14 所示;注册账号登录后即可进入选择界面,如图 2-15 所示。

体验意式咖啡功能,单击后进入意式咖啡界面,如图 2-16 所示;详细标注每个区域的功能,如图 2-17 所示。单击 Detail 按钮,弹出详细教程,如图 2-18 所示;向上拉出可查看全部教程,单击 Close 按钮可以关闭教程,如图 2-19 所示。

向右滑查看下一种饮品,如图 2-20 所示;手冲咖啡分区提供多种不同品种的教程,用户可以跟随教程逐步完成一杯简易的手冲咖啡,单击后选择需要的咖啡,如图 2-21 所示;单击确定后进入欢迎界面,如图 2-22 所示;单击 NEXT,进入该款咖啡的简介界面,用户可以根据参数准备所需用品,以及后续加入的实时温度显示,目前显示 unknown,如图 2-23 所示。

单击 NEXT,进入第一段注水页面,第一段注水需要在 30s 内完成,注水 30g,因此用户可以使用倒计时功能辅助完成,倒计时的圆环会实时展示秒数,如图 2-24 和图 2-25 所示;当用户完成所有制作流程之后,弹出窗口提示,如图 2-26 所示。

图 2-12　应用初始界面

图 2-13　注册界面

图 2-14　登录界面

图 2-15　选择界面

图 2-16　意式咖啡界面

图 2-17　功能介绍

图 2-18　详细教程

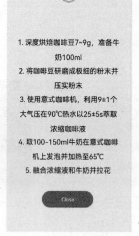

图 2-19　关闭教程

图 2-20　查看饮品

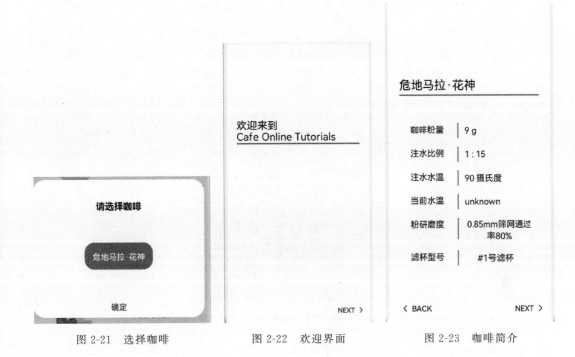

图 2-21　选择咖啡　　　　图 2-22　欢迎界面　　　　图 2-23　咖啡简介

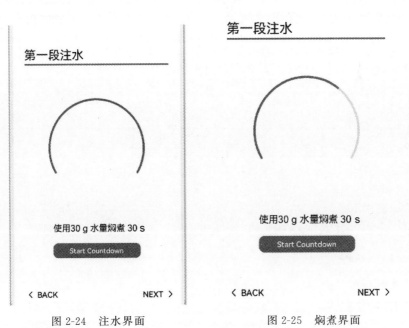

图 2-24　注水界面　　　　　　　图 2-25　焖煮界面

图 2-26　制作成功

項目 3

菜 谱 制 作

本项目通过鸿蒙系统开发工具 DevEco Studio,基于 JavaScript 开发一款菜谱制作App,实现给用户推荐菜品,提供烹饪方法。

3.1 总体设计

本部分包括系统架构和系统流程。

3.1.1 系统架构

系统架构如图 3-1 所示。

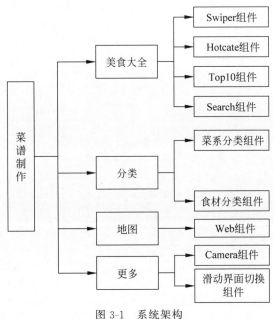

图 3-1　系统架构

3.1.2 系统流程

美食系统流程如图 3-2 所示;分类系统流程如图 3-3 所示;地图组件系统流程如图 3-4

所示；更多组件系统流程如图 3-5 所示。

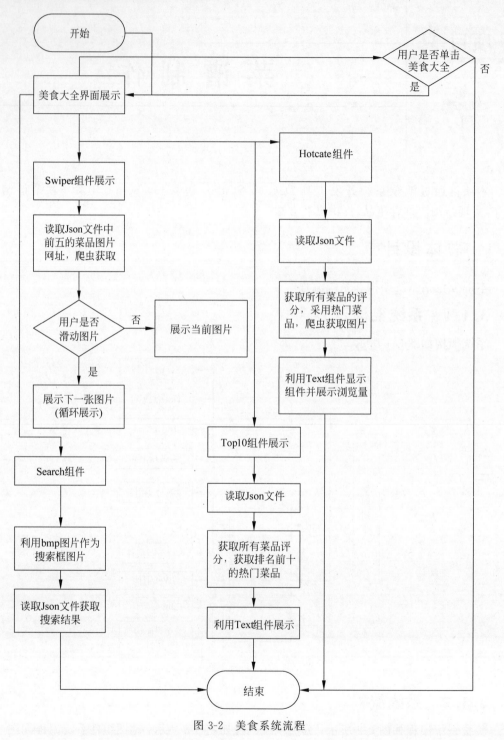

图 3-2　美食系统流程

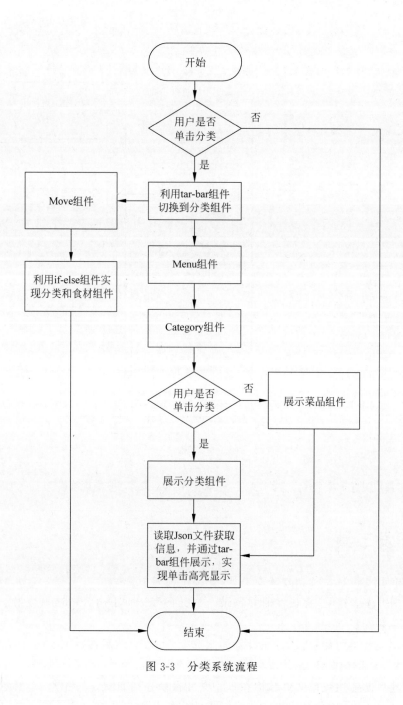

图 3-3　分类系统流程

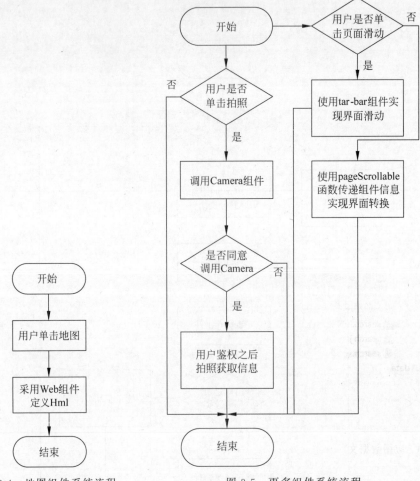

图 3-4 地图组件系统流程   图 3-5 更多组件系统流程

3.2 开发工具

本项目使用 DevEco Studio 开发工具,安装过程如下。

(1) 注册开发者账号,完成注册并登录,在官网下载 DevEco Studio 并安装。

(2) 下载并安装 Node.js。

(3) 新建设备类型和模板,首先设备类型选择 Phone;然后选择 Empty Feature Ability (JavaScript);最后单击 Next 并填写相关信息。

(4) 创建后的应用数据文件结构和程序文件目录分别如图 3-6 和图 3-7 所示。

(5) 在 src/main/js 目录下进行菜谱制作的应用开发。

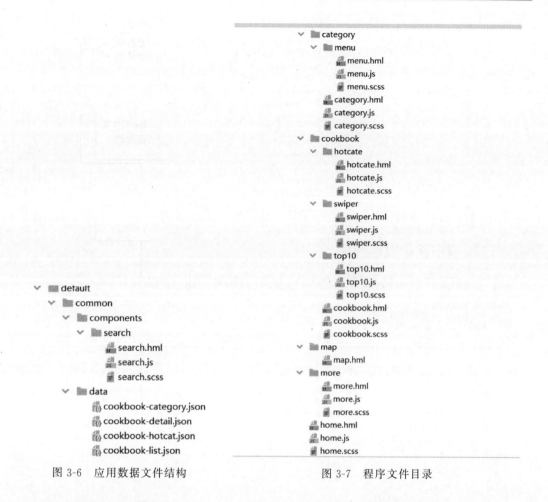

图 3-6　应用数据文件结构　　　　　　　　图 3-7　程序文件目录

3.3　开发实现

本项目包括界面设计和程序开发,下面分别给出各模块的功能介绍及相关代码。

3.3.1　界面设计

本部分包括图片导入和界面布局。

1. 图片导入

首先,将选好的界面图片导入 project 中;然后,将图片(.png 格式)保存在 js/default/common/images 文件夹下,如图 3-8 所示。

2. 界面布局

菜谱制作的界面布局见本书配套资源"文件 3"。

文件 3

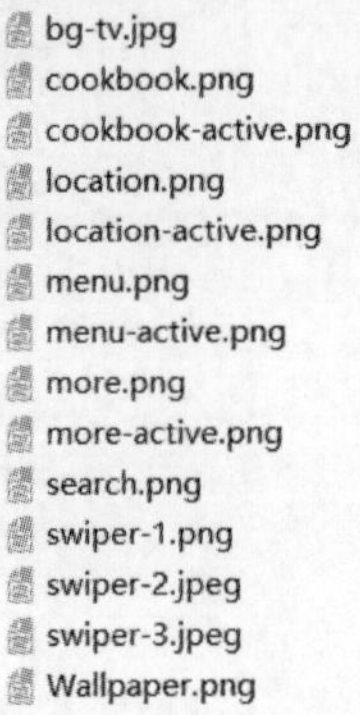

图 3-8　图片导入

3.3.2　程序开发

本部分包括程序初始化、美食大全组件、分类组件、地图组件和完整代码。

1. 程序初始化

程序初始化设置步骤如下。

（1）用户打开食谱 App，展示美食大全组件，美食大全保持高亮。

```
currentSelected: 0,//展示第一个界面即美食大全组件
pageScrollable: true
```

（2）在底部载入美食大全、分类、更多、地图图片。

```
data: {
    tabs: [
        {
            id: 'tab1',
            title: '美食大全',
            icon: '/common/images/cookbook.png',
            tintIcon: '/common/images/cookbook - active.png',
            component: 'cookbook'
        },//将美食大全的图片载入
        {
            id: 'tab2',
            title: '分类',
            icon: '/common/images/menu.png',
            tintIcon: '/common/images/menu - active.png',
            component: 'category'
        },
        {
            id: 'tab3',
            title: '地图',
            icon: '/common/images/location.png',
            tintIcon: '/common/images/location - active.png',
```

```
            component: 'map'
        },
        {
            id: 'tab4',
            title: '更多',
            icon: '/common/images/more.png',
            tintIcon: '/common/images/more - active.png',
            component: 'more'
        }
    ],
},
```

2. 美食大全组件

美食大全组件设置步骤如下。

（1）为 swiper 组件提供爬虫获取的菜品图片。

```
onRead() {
    console.log(this.list)
```

（2）为 Hotcate 组件提供爬虫获取的菜系图片。

```
handleClick(cate) {
    router.push({
        uri: 'pages/list/catelist',
        params: {
            cate
        }
    })
}//爬虫获取数据
```

（3）获取需要的前十菜品图片。

```
props: {
        list: {
            type: Array
        }
    }
}
```

3. 分类组件

分类组件设置步骤如下。

（1）切换到分类组件时，展示菜系组件。

```
data() {
    return {
        currentTab: this.firstItem
    }
},
```

（2）对按键进行检测，当单击食材按钮时，转换到食材组件。

```
lists() {
        return this.menuData[this.currentTab]
```

```
    }//传回按键数据
},
```

（3）当从其他子组件切回分类组件时，初始化为菜品组件。

```
onReady(){
    this.$watch('firstItem', (newValue) => {
        this.currentTab = newValue
    })//每次开始时,按键数据为菜品
}
```

4. 地图组件

根据 Web 组件，利用百度地图网址爬取，获取周围地图信息。

```
< div >
    < web src = " https://m.amap.com/search/mapview/keywords = % E8 % A5 % BF % E4 % B8 % 89 %
E6 % 97 % 97&city = 110108&poiid = B0FFFDRZEB"></web >
    </div >
```

（1）获取用户拍摄的照片 URI。

```
handleClick() {
    this.$refs.camera.takePhoto({
        success(uri) {
            this.photoUri = uri
        },
        fail(error) {
            console.log(error)
        }//获取照片 URI
    })
```

（2）利用 pageScrollable 函数控制是否进行界面滑动。

```
handleChange(obj) {
        this.$emit('pageScrollable', obj.checked)
    }//控制是否能够进行滑动切换
```

5. 完整代码

程序开发完整代码见本书配套资源"文件4"。

文件4

3.4 成果展示

打开应用初始界面，可以看到顶部显示美食大全，第二部分可以左右滑动，第三部分是搜索框，第四部分是热门菜系分类，第五部分是热门前十推荐，底部显示美食大全、分类、地图、更多，如图 3-9 所示；单击分类，切换到分类组件，如图 3-10（左）所示；展示分类组件，第一部分是搜索框，第二部分是具体分类，单击具体分类时，该分类高亮展示，并且展示具体内容，如图 3-10（右）所示；当用户单击更多时，系统切换到更多组件，当单击拍照时，调用真机的摄像头，获取图片作为食谱的补充。当单击不允许滑动时，不可以通过滑动来切换界面，只能通过单击底部进行切换，如图 3-11 所示。

图 3-9　应用初始界面

图 3-10　游戏运行界面及积分系统

图 3-11　切换界面

项目 4

选 择 菜 单

本项目通过鸿蒙系统开发工具 DevEco Studio 3.0 Beta2，基于 JavaScript 开发一款选择菜单九宫格 App，实现从 8 个备选项中随机选择并展示结果。

4.1 总体设计

本部分包括系统架构和系统流程。

4.1.1 系统架构

系统架构如图 4-1 所示。

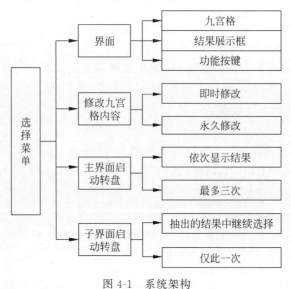

图 4-1 系统架构

4.1.2 系统流程

系统流程如图 4-2 所示。

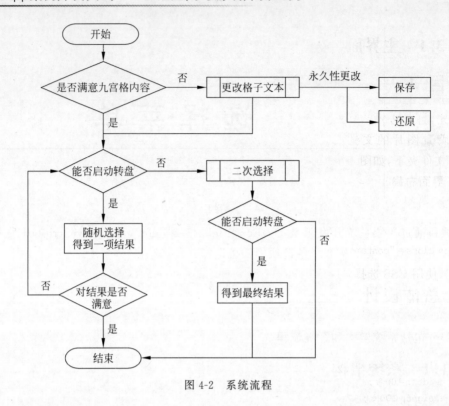

图 4-2　系统流程

4.2　开发工具

本项目使用 DevEco Studio 开发工具,安装过程如下。

(1) 注册开发者账号,完成注册并登录,在官网下载 DevEco Studio 3.0 Beta 2 并安装。

(2) 下载并安装 Node.js。

(3) 新建设备类型和模板,首先设备类型选择 Phone;然后选择 Empty Feature Ability(JavaScript);最后单击 Next 并填写相关信息。

(4) 创建后应用目录结构如图 4-3 所示。

(5) 在 entry/src/main/js 目录下进行九宫格随机选择器的应用开发。

4.3　开发实现

本项目包括主界面和子界面,每个界面包括界面设计和程序开发,下面分别给出各模块的功能介绍及相关代码。

图 4-3　应用目录结构

4.3.1 主界面

本部分包括图片导入、界面布局和完整代码。

1. 图片导入

首先,将选好的界面图片导入 project 中;然后,将选好作为整体布局背景图片的文件(.jpg 格式)保存在 js/default/common/images 文件夹下,如图 4-4 所示。

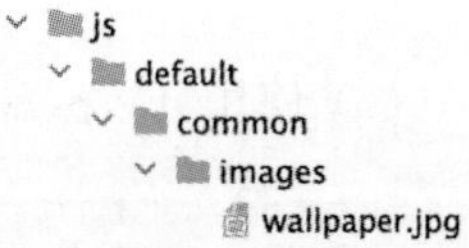

图 4-4　图片导入

2. 界面布局

九宫格随机选择器 App 的主界面设计如下。

(1) 使用 div 容器组件控制界面整体的显示与排布。

```
<div class="container"></div>
```

(2) 使用 CSS 选择器,实现对 HML 界面内元素(界面中所有内容)的控制。

```
.container {
    position: relative;
    flex-direction: column;
    justify-content: flex-start;
    align-items: center;
    width: 100%;
    height: 100%;
    background-image: url(common/images/wallpaper.jpg);
    background-size: 150%;
    background-repeat: no-repeat;
    padding: 0 16px;
    background-position:50% 0;
}
```

(3) 使用 div 容器组件控制界面显示与排布。

```
<div class="Box"></div>
```

(4) 使用 CSS 选择器,实现对 HML 界面内元素(界面中经常显示内容)的控制。

```
.Box {
    flex-direction: column;
    width: 100%;
    height: 500px;
    margin-top: 20%;
}
```

(5) 使用 div 容器组件控制九宫格的显示与排布。

```
<div class="Body"></div>
```

(6) 使用 CSS 选择器,实现对 HML 界面内元素(九宫格)的控制。

```
.Box {
```

```
        flex - direction: column;
        width: 100 % ;
        height: 500px;
        margin - top: 20 % ;
}
```

（7）使用 div 容器组件控制九宫格内单个格子的显示。

```
<! -- 第一个格子 -- !>
< div class = "{{index == 0? 'block' : 'whiteBlock'}}" onclick = "editItem0"> </div >
<! -- 启动转盘的格子 -- !>
< div class = "block" style = "background - color: ♯409EFF;" onclick = "choose"> </div >
```

（8）使用 CSS 选择器，实现对 HML 界面内元素（九宫格单个格子）的控制。

```
.block {
        width: 25 % ;
        height: 25 % ;
        border: 1px solid black;
        text - align: center;
        font - size: 16px;
        margin: 4 % ;
        display: flex;
        align - items: center;
        justify - content: center;
        border - radius: 10px;
        background - color: pink;
}
.whiteBlock {
        width: 25 % ;
        height: 25 % ;
        border: 1px solid black;
        text - align: center;
        font - size: 16px;
        margin: 4 % ;
        display: flex;
        align - items: center;
        justify - content: center;
        border - radius: 10px;
        background - color: white;
}
```

（9）使用 div 组件控制启动转盘格子的显示与排布。

```
< div class = "start"> </div >
```

（10）使用 CSS 选择器实现对 HML 界面内元素（启动转盘格子）样式的控制。

```
.start{
        flex - direction: column;
        justify - content: center;
        align - items: center;
}
```

（11）使用 text 组件控制启动转盘格子内文本内容的显示。

```
< text style = "font - size: 20px;"> 启动转盘 </text>
< text style = "font - size: 20px;"> 剩余 {{sumOfChoose}} 次 </text>
```

（12）使用 text 组件控制其余格子内文本内容的显示。

```
< text style = "font - size:20px;"> {{itemi == ''? 'XXX' : itemi}} </text>
```

（13）使用 dialog 容器组件控制修改文本弹窗的显示。

```
< dialog id = 'modifyDialog0' style = "margin - bottom: 60 % ;""> </dialog>
```

（14）使用 div 容器组件控制修改文本弹窗内布局的显示与排布。

```
< div class = "modifyDialog"> </div>
```

（15）使用 CSS 选择器实现 HML 界面内元素（修改文本弹窗）样式的控制。

```
.modifyDialog{
    width: 80 % ;
    height: 100px;
    display: flex;
    flex - direction: column;
    align - items: center;
    justify - content: center;
    font - size: 25px;
    background - color: #FFFFFF;
    opacity: .8;
}
```

（16）使用 input 组件显示修改文本弹窗内的输入框。

```
< input type = "text" name = 'modify' onchange = "inputItem0"> </input>
```

（17）使用 div 容器组件控制按键的实现与布局。

```
< div class = "click"> </div>
< div class = "click" style = "width:100 % ;height: 35px;"> </div>
```

（18）使用 CSS 控制器实现对 HML 界面内元素（不同按键）的控制。

```
.click {
    justify - content: center;
    width: 100 % ;
    margin - top: 10px;
    height: 70px;
}
```

（19）使用 button 组件控制查看结果、还原、保存按钮的显示与触发。

```
< button class = "button" onclick = "outcomeExamine"> 查看结果 </button>
< button class = "remove" onclick = "showDeleteDialog"> 还原 </button>
< button class = "save" onclick = "saveUserDefinedInfo"> 保存 </button>
```

（20）使用 CSS 选择器，实现对 HML 界面内元素（三个不同功能按键）的控制。

```
.button {
    width: 70 % ;
    height: 100 % ;
    font - size: 25px;
}
.remove {
    width: 20 % ;
    position: absolute;
    left: 0 % ;
    font - size: 20px;
    background - color: darkorange;
    align - self: flex - start;
}
.save {
    width: 20 % ;
    right: 0 % ;
    position: absolute;
    font - size: 20px;
    background - color: darkorange;
    align - self: flex - end;
}
```

（21）使用 dialog 容器组件控制还原弹窗的显示。

```
< dialog id = "removeDialog" style = "margin - bottom: 60 % ;" > </dialog >
```

（22）使用 div 容器组件控制还原弹窗的显示与排布。

```
< div class = "removeDialog"> </div >
```

（23）使用 CSS 选择器，实现对 HML 界面内元素（还原弹窗）的控制。

```
.removeDialog{
    align - content: center;
    width: 80 % ;
    height: 150px;
    flex - direction: column;
    background - color: ♯FFFFFF;
    opacity: .8;
}
```

（24）使用 text 组件控制还原弹窗的文本。

```
< text style = "font - size:25px; margin - bottom:10px; margin - top:10px;"> </text >
```

（25）使用 button 组件控制还原功能的触发。

```
< button style = "height:40px; font - size:25px;" onclick = "deleteUserDefinedInfo"> </button >
```

（26）使用 div 容器组件控制结果显示框的显示与排布。

```
< div class = "resultBox " style = "opacity: {{opacityNum}};"> </div >
```

（27）使用 CSS 选择器，实现对 HML 界面内元素（结果显示框）的控制。

```
.showResult {
    flex - direction: column;
    width: 100 % ;
    height: 100 % ;
    overflow: hidden;
    position: relative;
}
```

（28）使用 div 容器组件控制结果显示框内文本部分的显示与排布。

```
< div class = "showResult" >
< div style = "position:absolute;bottom:{{ $ item.marginBottom}}px;" for = "{{dataList}}" >
```

（29）使用 CSS 选择器，实现对 HML 界面内元素（结果显示框内文本）的控制。

```
.showResult {
    flex - direction: column;
    width: 100 % ;
    height: 100 % ;
    overflow: hidden;
    position: relative;
}
```

（30）使用 text 组件控制文本内容的显示。

```
< text >{{ $ item.name }}</text >
```

（31）使用 button 组件控制按键的显示与触发。

```
< button class = "button" onclick = "chooseAgain" style = "font - size: 20px"> </button >
```

3. 完整代码

本部分包括 HML 和 CSS 文件，相关代码见本书配套资源"文件5"。

文件5

4.3.2　主界面程序开发

本部分包括数据列表初始化、程序初始化、显示页面初始化、启动转盘、转盘定时器执行函数、显示结果、再次进行随机选择、显示格子文本修改框、获取用户自定义输入、显示还原操作提示框、保存用户自定义输入、清除用户自定义输入和完整代码。

（1）数据列表初始化。对可启动转盘次数、格子当前循环次数、格子总循环次数、格子当前循环下标、结果列表、结果数量、计时器、是否显示结果展示框、用户自定义输入的内容等多个数据进行初始化设置，相关代码如下。

```
data: {
    sumOfChoose:3,              //可启动转盘的次数，默认 3 次
    index: 0,                   //九宫格当前循环下标
    currentRound: 0,            //格子当前轮换次数
    sumOfRound: null,           //格子总轮换次数
    dataList: [],               //存储轮盘结果
    numOfData:0,                //结果数量
    stopTimer: null,            //计时器
```

```
        marginBottom: 0,                    //设置结果文字与展示框底部的距离
        opacityNum: 0,                       //结果展示框半透明度
        showOutcome: true,                   //是否显示结果展示框
        //用户自定义输入的内容
        item0:'',
        item1:'',
        item2:'',
        item3:'',
        item4:'',
        item5:'',
        item6:'',
        item7:'',
    },
```

（2）程序初始化。随机创建一个 50～59 的数字，赋值给格子总循环次数，用于确定每轮中格子与格子之间需要循环多少次才能停止转盘。

```
onInit() {
    this.sumOfRound = Math.floor(Math.random() * 9 + 50)      //创建 50～59 的随机数
},
```

（3）显示页面初始化。从本地缓存中读取数据 hasStoraged，以判断用户是否进行过自定义输入内容及保存的操作。若成功读取数据 hasStoraged，则表明用户保存了自定义内容，依此读取数据，并赋值给变量 item0～item7，用缓存数据值替换系统默认的数据值，绑定到 HML 界面进行显示。若读取数据 hasStoraged 失败，则变 item0～item7 维持系统默认值，同时在控制台打印日志。

```
onShow(){
    storage.get({                            //从缓存中读取数据
        key: "hasStoraged" ,                  //读取 key = hasStoraged 的数据
        success: data => {
            if(data == 'true'){  //成功读取,若 hasStoraged 为 true,则表明当前有缓存数据
                this.hasStoraged = data
                storage.get({                    //读取缓存数据 item0
                    key:"item0",
                    success: data =>{            //读取到的缓存数据赋值给 item0
                        this.item0 = data
                    }
                })
                storage.get({                    //读取缓存数据 item1
                    key:"item1",
                    success: data =>{            //读取到的缓存数据赋值给 item1
                        this.item1 = data
                    }
                })
                storage.get({                    //读取缓存数据 item2
                    key:"item2",
                    success: data =>{            //读取到的缓存数据赋值给 item2
                        this.item2 = data
```

```
                    }
                })
            storage.get({                      //读取缓存数据 item3
                key:"item3",
                success: data =>{               //读取到的缓存数据赋值给 item3
                    this.item3 = data
                }
            })
            storage.get({                      //读取缓存数据 item4
                key:"item4",
                success: data =>{               //读取到的缓存数据赋值给 item4
                    this.item4 = data
                }
            })
            storage.get({                      //读取缓存数据 item5
                key:"item5",
                success: data =>{               //读取到的缓存数据赋值给 item5
                    this.item5 = data
                }
            })
            storage.get({                      //读取缓存数据 item6
                key:"item6",
                success: data =>{               //读取到的缓存数据赋值给 item6
                    this.item6 = data
                }
            })
            storage.get({                      //读取缓存数据 item7
                key:"item7",
                success: data =>{               //读取到的缓存数据赋值给 item7
                    this.item7 = data
                }
            })
        } else {
            console.log('当前无缓存数据')
        }
    },
})
},
```

（4）启动转盘。判断可启动转盘的次数是否为零，若为零，则代表机会已用完，弹窗提示用户。反之，重新赋值变量 sumOfChoose 和 numOfData，记录成功启动一次转盘引起的变化；通过 setInterval 函数，每 300ms 执行一次 revolve，完成启动转盘的操作。

```
choose() {
    if (this.sumOfChoose == 0) {               //剩余次数为 0
        prompt.showToast({
            message: '剩余次数不足',
            duration: 4000,
        });
    } else {
```

```
    this.sumOfChoose--                          //启动轮盘递减次数
    this.numOfData++                            //结果数量＋1
    this.stopTimer = setInterval(this.revolve, 300)
//每300ms执行一次revolve函数
  }
},
```

（5）转盘定时器执行函数。启动转盘后，在循环过程中的速度变化如下：停→加速→匀速→减速→停。速度变化的过程是通过不断调用 setInterval 函数并将参数设置为不同毫秒实现的。变量 currentRound 为当前循环次数，index 为当前循环到格子的下标，转盘启动后 currentRound 和 index 的值都逐一增加，当 currentRound 的值达到预设的速度改变节点时，清除计时器，再调用 setInterval 函数重置计时器。直到 currentRound 的值等于 sumOfRound，此时转盘停止。

转盘停止后，重置变量 currentRound 与 sumOfRound，为下次开启转盘做准备。此时 index 指向的格子即为抽中的结果，将该格子内的文本内容添加到结果列表中，考虑到用户可能会自定义输入文本，通过三元表达式进行判断。为了便于控制结果在界面中的显示顺序，对变量 marginBottom 重新赋值，使其扩大40，并且对应添加到结果列表中，从而实现展示结果按照从上到下的顺序排列。

```
revolve() {
    this.index++                                    //九宫格内当前格子的下标加1
    if (this.index === 8) {                         //index = 8时循环
        this.index = 0
    }
    this.currentRound++                             //当前循环次数加1
    //currentRound: 0 --> 5 --> 10 --> 15 --> 35 --> 45 --> sumOfRound
    //速度:停→加速→加速→匀速→减速→减速→停
    if (this.currentRound === 5 || this.currentRound === 45) {
        clearInterval(this.stopTimer);              //清除计时器
        this.stopTimer = setInterval(this.revolve, 200);   //重置计时器
    }
    if (this.currentRound === 10 || this.currentRound === 35) {
        clearInterval(this.stopTimer);              //清除计时器
        this.stopTimer = setInterval(this.revolve, 100);   //重置计时器
    }
    if (this.currentRound === 15) {
        clearInterval(this.stopTimer);              //清除计时器
        this.stopTimer = setInterval(this.revolve, 50);    //重置计时器
    }
    //当等于产生的随机数时
    if (this.currentRound === this.sumOfRound) {
        clearInterval(this.stopTimer);              //清除计时器
        this.currentRound = 0                       //重置当前循环次数
        this.sumOfRound = Math.floor(Math.random() * 9 + 50);   //重新获取随机数
        this.marginBottom += 40
//转盘每次停止,结果文字距离显示框底部距离增大,使结果按先后顺序从下到上排列
        switch (this.index ) {//将当前index对应格子的内容添加到结果列表
```

```
            case 0:
                this.dataList.push({
//dataList 内包含两个 key,name 为九宫格的文字,marginBottom 为显示顺序
                    name: this.item0 == ''? '快餐': this.item0,
//若有自定义内容,则存入自定义内容
                    marginBottom: this.marginBottom
                })
                break;
            case 1:
                this.dataList.push({
                    name: this.item1 == ''? '烤盘饭': this.item1,
//若没有自定义内容,则按照系统默认设置
                    marginBottom: this.marginBottom
                })
                break;
            case 2:
                this.dataList.push({
                    name: this.item2 == ''? '牛肉汤': this.item2,
                    marginBottom: this.marginBottom
                })
                break;
            case 3:
                this.dataList.push({
                    name: this.item3 == ''? '麻辣香锅': this.item3,
                    marginBottom: this.marginBottom
                })
                break;
            case 4:
                this.dataList.push({
                    name: this.item4 == ''? '小面': this.item4,
                    marginBottom: this.marginBottom
                })
                break;
            case 5:
                this.dataList.push({
                    name: this.item5 == ''? '石锅拌饭': this.item5,
                    marginBottom: this.marginBottom
                })
                break;
            case 6:
                this.dataList.push({
                    name: this.item6 == ''? '麻辣烫': this.item6,
                    marginBottom: this.marginBottom
                })
                break;
            case 7:
                this.dataList.push({
                    name: this.item7 == ''? '外卖': this.item7,
                    marginBottom: this.marginBottom
                })
```

```
                break;
            }
        }
    },
```

（6）显示结果。布尔型变量 showOutcome 是结果展示框显示与否的判断变量。变量 showOutcome 默认值为 true，当 outcomeExamine 函数被触发后，执行 if 语句，对变量 opacityNum 赋值 0.7，即展示框不透明度为 0.7，此时展示框显示在 HML 界面中；将变量 showOutcome 赋值为 false，当 outcomeExamine 函数下次被触发后，执行 else 语句，对变量 opacityNum 赋值 0，此时展示框隐藏在 HML 界面中；将变量 showOutcome 赋值为 true，实现触发 outcomeExamine 函数，使结果展示框交替出现，相关代码如下。

```
outcomeExamine() {
    if (this.showOutcome) {              //判断变量为 true,则展开结果框
        this.opacityNum = .7
        this.showOutcome = false         //判断变量为 false,则隐藏结果框
    } else {
        this.opacityNum = 0
        this.showOutcome = true          //隐藏后将判断变量设置为 true,下次触发函数展示结果框
    }
},
```

（7）再次随机选择。触发 chooseAgain 函数后，系统跳转到子页面 reChoose.hml，携带的参数为多次启动转盘抽到的结果列表与个数，相关代码如下。

```
chooseAgain() {
    router.push({                        //跳转界面
        uri: 'pages/reChoose/reChoose',
        params: {                        //携带参数,参数为结果列表和列表包含的 item 个数
            itemList: this.dataList,
            num:this.numOfData
        },
    })
},
```

（8）显示格子文本修改框。九宫格内的八个格子绑定八个逻辑相同的函数，用于显示格子文本内容修改框。此处仅以第一个格子绑定的函数 editItem0 为例。触发 editItem0 函数后，利用 dialog 组件的特性，通过 ID 匹配显示对应的弹窗，相关代码如下。

```
editItem0(){
    this.$element('modifyDialog0').show() //显示 id = modifyDialog0 的 dialog
},
```

（9）获取用户自定义输入。文本修改框绑定八个逻辑相同的函数，用于获取用户自定义输入的内容。此处仅以第一个格子绑定的 inputItem0 函数为例。若用户输入的内容不为空，则将捕获到的内容赋值给变量 item0，再绑定到 HML 界面，根据界面的三元表达式，此时格子内显示 item0 的值，也就是用户自定义输入的内容，相关代码如下。

```
inputItem0(e) {
```

```
    if (e.value !== '') {
        this.item0 = e.value //用户在第一个格子中修改的内容赋值给 item0
    }
},
```

（10）显示还原操作提示框。单击还原按键触发 showDeleteDialog 函数，显示 ID 为
deleteDialog 的弹窗组件，相关代码如下。

```
showDeleteDialog(){
    this.$element('deleteDialog').show() //显示 id = modifyDialog0 的 dialog
},
```

（11）保存用户自定义输入。单击保存按键触发 saveUserDefinedInfo 函数，利用
JavaScript 提供的 storage 接口实现本地缓存数据。storage.set 事件的 event 对象有两个属
性：key 与 value。key 代表本地数据库中设置的键名，value 代表需要缓存的数据值。首
先，缓存一个 key 为 hasStoraged、value 为 true 的数据，代表用户进行自定义输入及保存的
操作。然后，依次缓存变量 item0～item7，使 key 与相应的变量相等，相关代码如下。

```
saveUserDefinedInfo(){
    storage.set({                           //缓存数据
        key: "hasStoraged",                 //hasStoraged 提示当前是否有缓存数据
        value: 'true'                       //已经进行保存操作,将其缓存为 true
    });
    storage.set({
        key: "item0",                       //缓存一个 key = item0 的数据
        value: this.item0 == ''? '快餐': this.item0
//若有自定义,则缓存自定义的内容,否则缓存系统默认值
    });
    storage.set({
        key: "item1",                       //缓存 item1
        value: this.item1 == ''? '烤盘饭': this.item1
    });
    storage.set({
        key: "item2",                       //缓存 item2
        value: this.item2 == ''? '牛肉汤': this.item2
    });
    storage.set({
        key: "item3",                       //缓存 item3
        value: this.item3 == ''? '麻辣香锅': this.item3
    });
    storage.set({
        key: "item4",                       //缓存 item4
        value: this.item4 == ''? '小面': this.item4
    });
    storage.set({
        key: "item5",                       //缓存 item5
        value: this.item5 == ''? '石锅拌饭': this.item5
    });
    storage.set({
```

```
        key: "item6",                      //缓存 item6
        value: this.item6 == ''? '麻辣烫': this.item6
    });
    storage.set({
        key: "item7",                      //缓存 item7
        value: this.item7 == ''? '外卖': this.item7
    });
},
```

（12）清除用户自定义输入。deleteUserDefinedInfo 函数完成两项功能：一是将变量 item0～item7 恢复为系统默认值，此时界面中九宫格显示系统默认文本；二是清除之前所有缓存数据，相关代码如下。

```
deleteUserDefinedInfo(){
    storage.clear()                  //清除缓存数据
    this.item0 = ''                  //初始化自定义输入内容
    this.item1 = ''
    this.item2 = ''
    this.item3 = ''
    this.item4 = ''
    this.item5 = ''
    this.item6 = ''
    this.item7 = ''
}
```

（13）完整代码见本书配套资源"文件6"。

文件6

4.3.3　子界面

本部分包括图片导入、界面布局和完整代码。

1．图片导入

子界面的背景图与主界面相同，无须另外导入图片。

2．界面布局

九宫格随机选择器 App 的子界面是主界面的简化版，将可选项由 8 个减少至 2～3 个。

（1）使用 div 容器组件控制界面整体的显示与排布。

```
< div class = "container" > </div >
```

（2）使用 CSS 选择器实现对 HML 界面内元素（界面中所有内容）的控制。

```
.container {
    position: relative;
    flex - direction: column;
    justify - content: flex - start;
    align - items: center;
    width: 100 % ;
    height: 100 % ;
    background - image: url(common/images/wallpaper.jpg);
    background - size: 150 % ;
```

```
    background - repeat: no - repeat;
    padding: 0 16px;
    background - position:50 % 0;
}
```

（3）使用 div 容器组件控制格子中内容的显示与排布。

```
< div class = "body"> </div >
```

（4）使用 CSS 选择器实现对 HML 界面内元素（界面中常显示内容）的控制。

```
.body {
    width: 100 % ;
    border: 2px solid;
    display: flex;
    flex - wrap: wrap;
    border - radius: 10px;
    font - size: 40px;
    text - align: center;
    justify - content: space - around;
    margin - top: 40 % ;
}
```

（5）使用 block 组件控制上级界面传递参数的轮播。

```
< block for = "{{list}}"> </block >
```

（6）使用 div 容器组件控制单一格子的显示与排布。

```
< div class = "{{index === $ idx ? 'block' : 'whiteBlock'}}" >
```

（7）使用 CSS 选择器实现对 HML 界面内元素（单个格子）的控制。

```
.block {
    width: 25 % ;
    height: 25 % ;
    border: 1px solid black;
    text - align: center;
    font - size: 16px;
    margin: 4 % ;
    display: flex;
    align - items: center;
    justify - content: center;
    border - radius: 10px;
    background - color: pink;
}
.whiteBlock {
    width: 25 % ;
    height: 25 % ;
    border: 1px solid black;
    text - align: center;
    font - size: 16px;
    margin: 4 % ;
    display: flex;
```

```css
    align - items: center;
    justify - content: center;
    border - radius: 10px;
    background - color: white;
}
```

（8）使用 text 组件控制格子内文本的显示与排布。

```html
< text style = "font - size: 20px;"> {{ $ item. name}} </text>
```

（9）使用 button 组件控制启动转盘按键的显示与排布。

```html
< button class = "button" onclick = "choose"> 启动转盘 </button>
```

（10）使用 CSS 选择器，实现对 HML 界面内元素（启动转盘按键）的控制。

```css
. button {
    justify - content: center;
    width: 70 % ;
    height: 70px;
    font - size: 30px;
    margin - top: 20px;
}
```

3. 完整代码

文件7

子界面完整代码见本书配套资源"文件7"。

4.3.4 子界面程序开发

本部分包括数据列表初始化、程序初始化、启动转盘、转盘定时器执行函数和完整代码。

1. 数据列表初始化

对格子个数、格子内文本内容、可启动转盘次数、格子当前循环次数、格子总循环次数、格子当前循环下标、计时器等多个数据进行初始化设置，相关代码如下。

```
data: {
optionNum:0,                    //格子数，最多3个(由上级界面决定)
    list:[],                    //格子内文本内容
    sumOfRound: null,           //格子总循环次数
    index: 0,                   //格子当前循环下标
    currentRound: 0,            //格子当前循环次数
    sumOfChoose:1,              //可启动转盘次数
    stopTimer: null,            //计时器
},
```

2. 程序初始化

获取上级界面（程序主界面）传输的参数：九宫格抽出的结果列表及结果数量。将结果列表赋值给变量 List，结果数量赋值给变量 OptionNum。随机生成一个 50～59 的随机数作为第一次开启转盘时格子总循环次数，相关代码如下。

```
onInit(){
    this. List = this. itemList      //获取上一界面传输的参数，赋值为转盘中格子的文本内容
```

```
    this.OptionNum = this.num                                    //转盘内格子的个数
    this.sumOfRound = Math.floor(Math.random() * 9 + 50)         //创建随机数50～59
},
```

3. 启动转盘

函数逻辑与主界面中的启动转盘函数的逻辑相同。单击启动转盘按键触发函数choose,判断可启动转盘次数是否等于零,若为零,则代表机会已用完,弹窗提示用户。反之,对变量 sumOfChoose 重新赋值,记录成功启动转盘引起的变化;利用 setInterval 函数,使转盘定时器执行函数每隔300ms执行一次。

```
choose() {
    if (this.sumOfChoose == 0) {
        prompt.showToast({
            message: '剩余次数不足',
            duration: 4000,
        });
    } else {
        this.sumOfChoose--
        this.stopTimer = setInterval(this.revolve, 300)
    }
},
```

4. 转盘定时器执行函数

通过不断调用 setInterval 函数并将参数设置为不同毫秒实现转盘速度的变化:先加速再匀速后减速。变量 currentRound 为当前循环次数,index 为当前循环到的格子下标,转盘启动后 currentRound 和 index 的值都逐一增加,当 currentRound 的值达到预设速度改变的节点时,清除调用 setInterval 函数,重置计时器,直到 currentRound 的值等于 sumOfRound,此时转盘停止。

不同之处在于,子界面的转盘开启次数只有一次,所以当转盘停止后,不需要重置变量 currentRound 与 sumOfRound,也不需要将结果添加到列表中,只需清除计时器即可。

```
revolve() {
    this. index++
    if (this. index === this.optionNum ) {                       //index 循环
        this. index = 0
    }
    this.currentRound++
    if (this.currentRound === 5 || this.currentRound === 45) {   //更改转盘速度
        clearInterval(this.stopTimer);                           //清除计时器
        this.stopTimer = setInterval(this.revolve, 200);         //重置计时器
    }
    if (this.currentRound === 10 || this.currentRound === 35) {  //更改转盘速度
        clearInterval(this.stopTimer);
        this.stopTimer = setInterval(this.revolve, 100);
    }
    if (this.currentRound === 15) {                              //更改转盘速度
        clearInterval(this.stopTimer);
```

```
        this.stopTimer = setInterval(this.revolve, 50);
    }
    //等于上面的随机数时,停止转盘
    if (this.currentRound === this.sumOfRound) {
        clearInterval(this.stopTimer);                              //清除计时器
    }
},
```

文件8

5. 完整代码

完整代码见本书配套资源"文件8"。

4.4　成果展示

打开 App,应用初始界面如图 4-5 所示;九宫格中的内容为系统默认设置,其中一个格子作为指针,表示当前循环到此处,其他格子为常规状态,中心格子为启动转盘开关,默认可以开启 3 次转盘。下方的按键查看结果单击可以触发结果显示框,再次单击则隐藏结果显示框。代表"还原"和"保存"操作按键位于"查看结果"按键下方,用户可通过单击触发完成初始化页面或保存自定义输入内容的操作。开启转盘并且展开结果显示框后,每次抽中的结果会按照先后顺序从下到上排列,如图 4-6 所示;若用户依然无法抉择,可以通过单击结果展示框右侧的再来"亿"次按键,跳转到系统子界面,从已经选中的三个结果中进行最终选择。为了达到帮助用户选择的目的,子界面的转盘只能开启一次,由指针展示随机选择的结果,因此未设置结果展示框。进行二次选择的界面如图 4-7 所示。

图 4-5　应用初始界面　　　图 4-6　启动转盘三次结果　　　图 4-7　二次选择界面

　　如果想要修改格子中的文本,单击需要修改的格子,即可触发弹窗,在弹窗中输入文字,可完成修改,如图 4-8 所示。将第一个格子中的文本修改为馄饨作为示范,这样的修改仅当前有效,后台退出 App 后会丢失自定义的内容。若想永久保存当前九宫格,需要单击保存按钮。若想恢复系统默认九宫格,只需单击还原按钮,如图 4-9 所示。

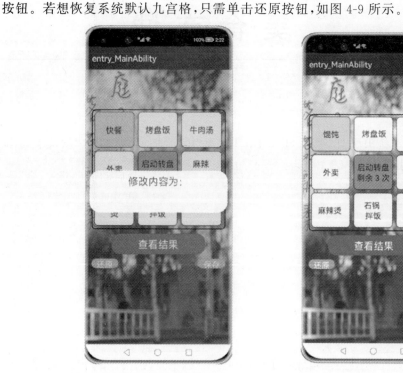

图 4-8　修改文本界面　　　　　　　图 4-9　修改文本为馄饨界面

项目 5

美 食 商 城

本项目通过鸿蒙系统开发工具 DevEco Studio，基于 JavaScript 开发一款美食商城App，实现菜单分类查找功能。

5.1　总体设计

本部分包括系统架构和系统流程。

5.1.1　系统架构

系统架构如图 5-1 所示。

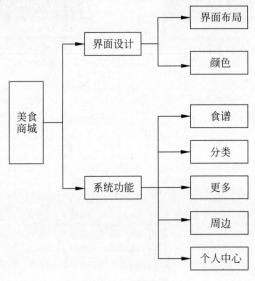

图 5-1　系统架构

5.1.2　系统流程

系统流程如图 5-2 所示。

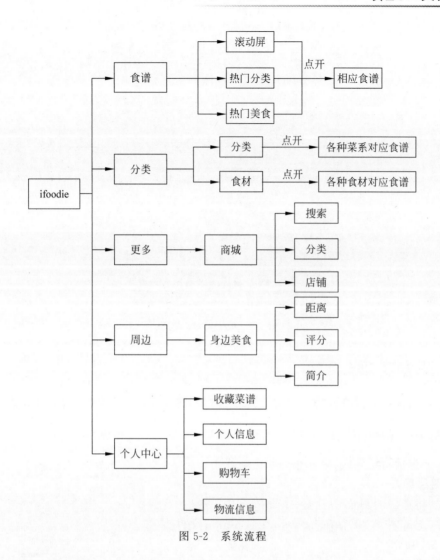

图 5-2 系统流程

5.2 开发工具

本实项目使用 DevEco Studio 开发工具,安装过程如下。

(1) 注册开发者账号,完成注册并登录,在官网下载 DevEco Studio 并安装。

(2) 下载并安装 Node.js。

(3) 新建设备类型和模板,首先设备类型选择 Phone;然后选择 Empty Feature Ability (JavaScript);最后单击 Next 并填写相关信息。

(4) 创建后的应用目录结构如图 5-3 所示。

(5) 在 src/main/js 目录下进行美食商城的应用开发。

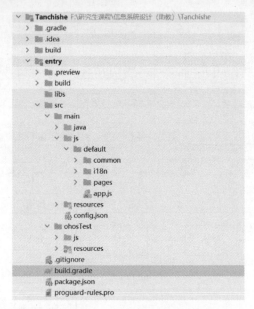

图 5-3   应用目录结构

5.3   开发实现

本项目包括界面设计和程序开发,下面分别给出各模块的功能介绍及相关代码。

5.3.1   界面设计

本部分包括图片导入、界面布局和完整代码。

1. 图片导入

首先,将选好的界面图片导入 project 中;然后,将图片文件(. png 格式)保存在 js/default/common 文件夹下,如图 5-4 所示。

2. 界面布局

总体界面布局:①导航栏;②加入界面;③使用CSS选择器,实现对 HTML 界面元素的控制。

美食界面布局:①滚动栏的设置;②使用 CSS 选择器,实现对滚动栏的大小、位置、字体调节;③热门分类的类别设置;④使用 CSS 选择器,实现对热门分类的图片容器大小、位置、字体调节;⑤十大热门菜系的设计;⑥使用 CSS 选择器,实现对十大热门菜系的图片容器大

图 5-4   图片导入

小、颜色、字体调节;⑦美食页整合,将滚动窗口、热门分类、十大热门菜进行整合;⑧对整合 HTML 的图片位置、文字大小等进行设置。

分类界面布局:①菜单设计;②使用 CSS 选择器,实现对菜单的图片容器大小、位置、

字体调节;③分类页整体设计,整合搜索和菜单内容并设计页面;④使用 CSS 选择器,实现对分类界面的图片容器大小、位置、字体调节。

更多界面设计:①购物商城界面设计;②使用 CSS 选择器,实现对商城的图片容器大小、位置、字体调节。

细节界面开发(具体菜谱页面):①单击一个美食后,打开界面设计;②使用 CSS 选择器,实现对细节界面的图片容器大小、位置、字体调节。

列表界面设计:①具体某个美食类别点开后的相关列表界面设计;②使用 CSS 选择器,实现对列表的图片容器大小、位置、字体调节。

搜索栏界面设计:①设置搜索栏类别;②使用 CSS 选择器,实现对搜索栏的图片容器大小、位置、字体调节。

周边界面设计:①总界面设计;②使用 CSS 选择器,实现对周边主页的图片容器大小、位置、字体调节。

其中一个饭店细节被点开后界面布局设计:使用 CSS 选择器,实现对周边细节页的图片容器大小、位置、字体调节。

3. 完整代码

界面布局相关代码见本书配套资源"文件9"。

文件9

5.3.2　程序开发

本部分包括总系统、美食页、分类界面的程序开发。

(1) 总系统包括导航栏的主要功能,并实现界面的跳转。

(2) 美食页设计步骤:滚动栏逻辑设计、调用数据、轮番播放、单击图片进入相应菜系的食谱;热门分类开发,单击类别后可跳转相应类别的菜系列表;十大热门菜系。

(3) 分类页布局包括总体设计和菜单设计。

(4) 更多界面包括商城界面逻辑开发,调用并遍历数据。

(5) 食谱细节开发包括调用数据展示及操作返回值。

(6) 食谱列表界面包括调用数据并遍历展示,同时实现界面跳转。

(7) 搜索栏包括数据导入与使用。

程序开发相关代码见本书配套资源"文件10"。

文件10

5.4　成果展示

打开 App,应用初始界面如图 5-5 所示;下滑界面如图 5-6 所示;单击滚动界面如图 5-7 所示;单击热门分类中的家常菜如图 5-8 所示;单击十大热门菜的其中一款如图 5-9 所示;分类界面如图 5-10 所示;食材分类界面如图 5-11 所示;更多界面(商城)如图 5-12 所示;下拉后界面如图 5-13 所示;更多界面如图 5-14 所示;点开其中一个界面后如图 5-15 所示;App 功能补充如图 5-16 所示。

图 5-5　应用初始界面

图 5-6　下滑界面

图 5-7　单击滚动界面

图 5-8　单击家常菜

图 5-9　单击一款十大热门菜

图 5-10　分类界面

图 5-11　食材分类界面

图 5-12　更多界面(商城)

图 5-13　下拉后界面

图 5-14　更多界面

图 5-15　点开其中一个界面

图 5-16　App 功能补充

项目 6

比 萨 外 卖

本项目通过鸿蒙系统开发工具 DevEco Studio,基于 Java 开发一款比萨外卖 App,实现快速点单的功能。

6.1 总体设计

本部分包括系统架构和系统流程。

6.1.1 系统架构

系统架构如图 6-1 所示。

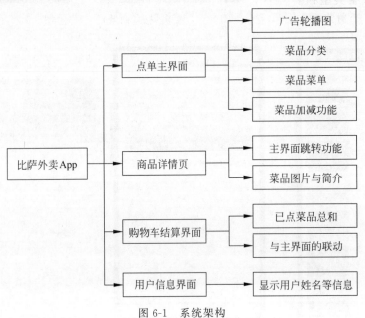

图 6-1 系统架构

6.1.2 系统流程

系统流程如图 6-2 所示。

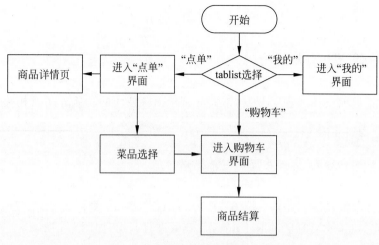

图 6-2　系统流程

6.2　开发工具

本项目使用 DevEco Studio 开发工具,安装过程如下。

(1) 注册开发者账号,完成注册并登录,在官网下载 DevEco Studio 并安装。

(2) 新建设备类型和模板,首先设备类型选择 Phone;然后选择 Empty Ability(Java);最后单击 Next 并填写相关信息。

(3) 创建后的应用目录结构如图 6-3 所示。

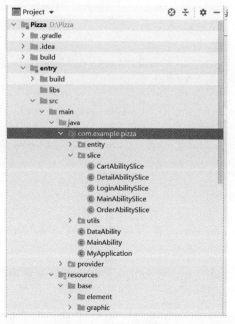

图 6-3　应用目录结构

（4）在 src/main/java 目录下进行比萨外卖的应用开发。

6.3 开发实现

本项目包括界面设计和程序开发，下面分别给出各模块的功能介绍及相关代码。

6.3.1 界面设计

本部分包括图片导入、界面布局和完整代码。

1. 图片导入

将选好的图片保存在 entry/src/main/resources/media 文件夹中，主要包括比萨、饮料、牛排及用户信息，使用时通过 ResourcesTable 进行调用，如图 6-4 所示。

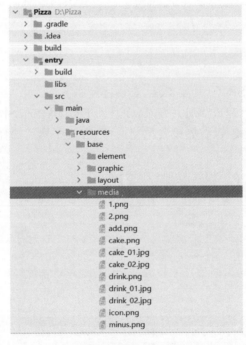

图 6-4　图片导入

2. 界面布局

界面布局主要步骤如下。

（1）主界面（ability_main.xml），负责底部菜单栏 TabList 与界面左右滑动切换功能 PageSlider。

（2）点单界面（ability_main_order.xml），主要负责菜品菜单的界面，包括菜品、菜单栏、菜品顶部轮播图等。

（3）购物车界面（ability_main_shopcart.xml），负责购物车的界面设计。

（4）订单结算界面（ability_order_add.xml），负责订单结算，与购物车界面相比，此界面还包含支付方式、用户信息等。

（5）菜品详情界面（ability_detail.xml），负责菜品详情页显示，包括菜品图片、详细介绍。

（6）用户详情界面（ability_main_user.xml），负责显示用户的基本信息。

3. 完整代码

界面设计完整代码见本书配套资源"文件11"。

文件11

6.3.2　程序开发

本部分包括界面初始化（PageSlider 等）、实例化菜单/菜品分类、联动菜单页/详情页、联动购物车/菜单页、商品结算页和完整代码。

1. 界面初始化

文件12

count_1～count_16 的初始化（商品数量）、实现底部菜单栏 TabList 和 PageSlider（页面左右滑动）的初始化，并在菜单首页初始化 16 个菜品，相关代码见本书配套资源"文件12"。

2. 实例化菜单/菜品分类

定义商品的加减，以第一个商品为例，按下加号时 count_1 随之改变，按下减号时也随之改变。其余商品的定义类似，相关代码如下。

```
private void initList_01(Component btn_minus, Component btn_add, Text txt_num) {
    String number = txt_num.getText().toString();          //拿到商品数量初始值 --> 0
    AtomicInteger value = new AtomicInteger(Integer.valueOf(number));   //value = 0
    value.set(value.get() + 1);                            //value = 1
    //定义加号
    btn_add.setClickedListener(component -> {
        if (btn_minus.getVisibility() == Component.HIDE) {
            btn_minus.setVisibility(Component.VISIBLE);
            txt_num.setVisibility(Component.VISIBLE);
            txt_num.setText(String.valueOf(value));
            count_1 = 1;                                   //将数量传输给 count_1
        } else {
            value.set(value.get() + 1);
            txt_num.setText(String.valueOf(value));
            count_1 = Integer.valueOf(String.valueOf(value));//将数量传输给 count_1
            ;
        }
    });
    //定义减号,若减到 0 将减号隐藏
    btn_minus.setClickedListener(component -> {
        if (Integer.valueOf(String.valueOf(value)) >= 1) {
            value.set(value.get() - 1);
            txt_num.setText(String.valueOf(value));
        }
```

```
            if (Integer.valueOf(String.valueOf(value)) == 0) {
                btn_minus.setVisibility(Component.HIDE);
                txt_num.setVisibility(Component.HIDE);
                txt_num.setText(0 + "");
            }
        });
    }
    private void initList01(PageSlider pageSlider) {
    Component btn_minus = pageSlider.findComponentById(ResourceTable.Id_minus_01);
                                            //在界面初始化阶段初始化第一个商品的减号、加号
    Component btn_add = pageSlider.findComponentById(ResourceTable.Id_add_01);
    Text txt_num = (Text)pageSlider.findComponentById(ResourceTable.Id_num_01);
                                            //在页面初始化阶段初始化第一个商品的名称
    initList_01(btn_minus, btn_add, txt_num);               //传递参数,实现商品加减
    }
```

3. 联动菜单页/详情页

　　详情页在 DetailAbilitySlice 中进行页面编写,在 MainAbilitySlice 中实现参数的传递,将菜品名称、数量、图片等信息传参给 DetailAbilitySlice,在 DetailAbilitySlice 中实例化详情页内容。

　　以第一个商品为例,MainAbilitySlice 传参代码如下。

```
Component a1 = pageSlider.findComponentById(ResourceTable.Id_goods_image1);
    a1.setClickedListener(component -> {
        Intent intent = new Intent();
        intent.setParam("ID", "香烤劲牛比萨");
        intent.setParam("IMG", ResourceTable.Media_selected_01);
        intent.setParam("price", "66￥");
        intent.setParam("introduction", "鲜香多汁的牛肉条,咬劲十足,搭配剁椒、辣椒、花椒等
        各式风味特调鲜辣酱,辅以玉米、蘑菇、樱桃番茄等蔬菜,浓浓鲜香风味和微辣口感在舌尖
        激荡,风味十足,酣畅过瘾");                            //商品简介
        this.present(new DetailAbilitySlice(), intent);
    //传参给 DetailAbilitySlice
    });
```

　　实例化商品详情页代码如下。

```
public class DetailAbilitySlice extends AbilitySlice {
    @Override
    protected void onStart(Intent intent){
        super.onStart(intent);
        super.setUIContent(ResourceTable.Layout_ability_detail);
        //拿到 intent 即商品 ID
        String ID = (String)intent.getParams().getParam("ID");
        Text text = (Text)findComponentById(ResourceTable.Id_goods_text);
        //设置商品名称
        text.setText(ID);
        int path = (int) intent.getParams().getParam("IMG");
        Image img = (Image)findComponentById(ResourceTable.Id_pizza_img);
        //设置商品图片
```

```
        img.setPixelMap(path);
        String price = (String)intent.getParams().getParam("price");
        Text text02 = (Text)findComponentById(ResourceTable.Id_goods_price);
        //设置商品价格
        text02.setText(price);
        String introduction = (String)intent.getParams().getParam("introduction");
        Text text03 = (Text)findComponentById(ResourceTable.Id_goods_introduction);
        //设置商品简介
        text03.setText(introduction);
    }
}
```

4. 联动购物车/菜单页

以第一个商品为例，调用 initCartList_01 获取商品的价格、图片、名称等，传递参数到 initCart_01，实例化商品的信息、购买数量等到购物车实现实例化，相关代码如下。

```
public void initCart_01(String title, String price, int image, DirectionalLayout
directionalLayout) {
    getUITaskDispatcher().asyncDispatch(() -> {
        DirectionalLayout tem = (DirectionalLayout) LayoutScatter.getInstance
        (getContext()).parse(ResourceTable.Layout_template_pizza, null, false);
        Image img = (Image) tem.findComponentById(ResourceTable.Id_cart_image);
        img.setPixelMap(image);                    //在购物车同步商品图片
        Text text_1 = (Text) tem.findComponentById(ResourceTable.Id_cart_title);
        text_1.setText(String.valueOf(title));     //在购物车同步商品名称
        Text text_2 = (Text) tem.findComponentById(ResourceTable.Id_cart_price);
        text_2.setText(String.valueOf(price));     //在购物车同步商品价格
        Text text_3 = (Text) tem.findComponentById(ResourceTable.Id_cart_num);
        text_3.setText("数量:" + (count_1) + " "); //在购物车同步商品数量
        Text text_4 = (Text) tem.findComponentById(ResourceTable.Id_cart_total);
        text_4.setText("合计:￥" + (count_1 * 66));//在购物车计算商品总价
        directionalLayout.addComponent(tem);
        //向 ability_main_shopcart.xml 中添加 directionalLayout
    });
}
public void initCartList_01() {
    int image = ResourceTable.Media_selected_01;    //获取图片
    Text text_title = (Text) findComponentById(ResourceTable.Id_pizza_title_01);
                                                    //获取标题
    Text text_price = (Text) findComponentById(ResourceTable.Id_pizza_price_01);
                                                    //获取价格
    DirectionalLayout layout_01 = (DirectionalLayout)
findComponentById(ResourceTable.Id_cart_list);
    initCart_01(text_title.getText(), text_price.getText(), image, layout_01);
                                                    //调用 initCart_01 实例化
}
```

5. 商品结算页

商品结算页写在 OrderAbilitySlice 中，需要 MainAbilitySlice 为其传参，再将商品的数量等信息传至订单结算页，相关代码如下。

```
private void initShopcart(PageSlider pageSlider) {
        //初始化购物车列表
        Component btn = pageSlider.findComponentById(ResourceTable.Id_shopcart_add_button);
        btn.setClickedListener(component -> {
            //传参16个商品的数量
            Intent intent = new Intent();
            intent.setParam("count_1", count_1);
            intent.setParam("count_2", count_2);
            intent.setParam("count_3", count_3);
            intent.setParam("count_4", count_4);
            intent.setParam("count_5", count_5);
            intent.setParam("count_6", count_6);
            intent.setParam("count_7", count_7);
            intent.setParam("count_8", count_8);
            intent.setParam("count_9", count_9);
            intent.setParam("count_10", count_10);
            intent.setParam("count_11", count_11);
            intent.setParam("count_12", count_12);
            intent.setParam("count_13", count_13);
            intent.setParam("count_14", count_14);
            intent.setParam("count_15", count_15);
            intent.setParam("count_16", count_16);
            this.present(new OrderAbilitySlice(), intent);
        });
    }
```

以第一个商品为例，OrderAbilitySlice 中的代码如下。

```
int count_1 = (int)intent.getParams().getParam("count_1");
    Text text_total = (Text)findComponentById(ResourceTable.Id_item_total);
    if (count_1!= 0)
    { DirectionalLayout template = (DirectionalLayout) LayoutScatter.getInstance(getContext()).
      parse(ResourceTable.Layout_order_item_template, null, false);
        Image img = (Image)template.findComponentById(ResourceTable.Id_item_image);
        Text text_num = (Text)template.findComponentById(ResourceTable.Id_item_num);
        Text text_name = (Text)template.findComponentById(ResourceTable.Id_item_name);
        Text text_price = (Text)template.findComponentById(ResourceTable.Id_item_price);
            //设置商品名称
            text_name.setText("香烤劲牛比萨");
            //设置商品图片
            img.setPixelMap(ResourceTable.Media_selected_01);
            //设置商品数量
            text_num.setText(String.valueOf(count_1) + "个");
            //设置价格
```

文件 13

```
text_price.setText("66￥");
//添加模板到layout
order_layout.addComponent(template);
    }
```

6. 完整代码

如上文所述,本项目的 Java 代码分三个 slice,即 MainAbilitySlice、DetailAbilitySlice 和 OrderAblitySlice。相关代码见本书配套资源"文件 13"。

6.4　成果展示

打开 App,应用初始界面为点单界面,可完成商品的查看、购买、增删,如图 6-5 所示;单击某项具体菜品后,进入商品详情页,看到商品介绍,如图 6-6 所示;在购买菜品后,可以在购物车界面查看已点菜品,如图 6-7 所示;在购物车界面单击订单结算后,可以在订单结算界面看到收货地址等信息,选择微信/支付宝支付,界面中显示已点餐品总价等,如图 6-8 所示;在底部 tablist 选择"我的",可以进入用户信息界面查看个人信息,如图 6-9 所示。

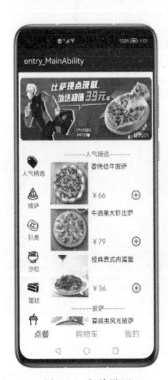

图 6-5　点单界面　　　　　图 6-6　菜品详情页　　　　　图 6-7　购物车

图 6-8　订单结算

图 6-9　用户信息界面

项目 7

运 动 组 队

本项目通过鸿蒙系统开发工具 DevEco Studio,基于 Java 和 XML 完成前端开发,基于 springboot 和 JDBC 完成后端开发,前后端分离,实现运动组队的功能。

7.1 总体设计

本部分包括系统架构和系统流程。

7.1.1 系统架构

系统架构如图 7-1 所示。

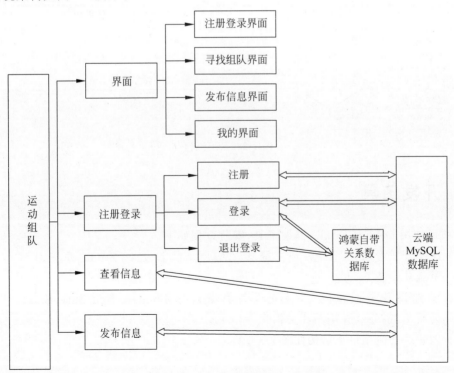

图 7-1 系统架构

7.1.2 系统流程

系统流程如图 7-2 所示。

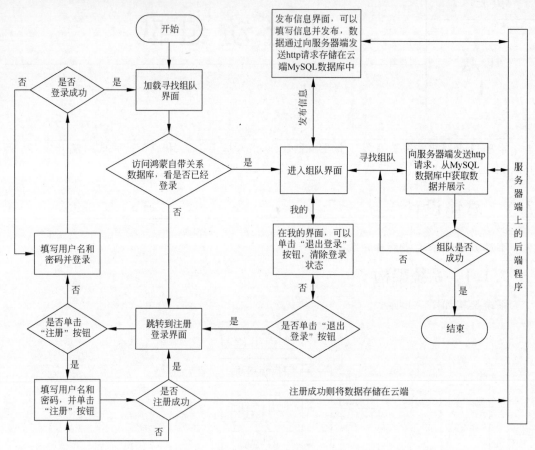

图 7-2 系统流程

7.2 开发工具

本项目使用 DevEco Studio 开发工具,安装过程如下。

(1) 注册开发者账号,完成注册并登录,在官网下载 DevEco Studio 并安装。

(2) 下载并安装 Node.js。

(3) 新建设备类型和模板,首先设备类型选择 Phone;然后选择 Empty Feature Ability;最后单击 Next 并填写相关信息。

(4) 创建后的应用目录结构如图 7-3 所示。

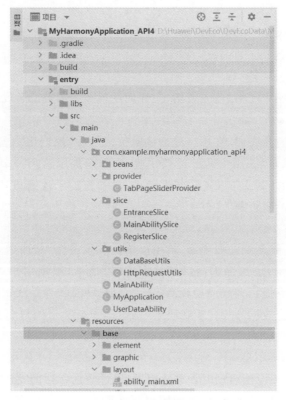

图 7-3　应用目录结构

（5）在 src/main/resources/base/layout 目录下进行界面设计开发，在 src/main/java 目录下进行运动组队的应用开发。

7.3　开发实现

本项目包括界面设计、前/后端程序开发，下面分别给出各模块的功能介绍及相关代码。

7.3.1　界面设计

本部分包括界面布局和完整代码。

1. 界面布局

界面布局包括登录、注册、寻找组队、发布信息和我的界面。寻找组队、发布信息和我的界面，使用 PageSlider 实现滑动切换操作，并使用 TabList 实现单击导航栏进行界面操作，同时将 PageSlider 和 TabList 进行绑定，使两者的切换界面达到同步。因为要使用 PageSlider 和 TabList，所以使用单独一个 XML 文件写 PageSlider 和 TabList 组件，并将寻找组队、发布信息和我的界面加载进 PageSlider 中。对于寻找组队界面，使用 SrollView 嵌套 TableLayout 的方式显示每条数据，每条数据的样式模板存放在一个单独的 XML 文件中。

文件 14

2. 完整代码

界面设计完整代码见本书配套资源"文件 14"。

7.3.2 前端开发

本部分内容包括注册逻辑、登录逻辑、主界面逻辑和帮助类的开发。

1. 注册逻辑

文件 15

获取输入的用户名和密码,在用户单击注册按钮之后,根据用户名,通过网络请求帮助类向后端发送 GET 请求,若用户名已经被注册,则弹窗提示该用户名已被注册,若未被注册,则将用户名和密码保存在 MySQL 数据库中,并弹窗提示注册成功,然后跳转到登录界面。相关代码见本书配套资源"文件 15"。

2. 登录逻辑

文件 16

当单击注册按钮,跳转到注册界面,若用户单击登录按钮,获取用户输入的用户名和密码信息时,则通过网络请求帮助类向后端发送 GET 请求,根据用户名从数据库中查找密码,若密码一致,则弹窗提示登录成功,跳转到主页面,同时将登录状态通过数据库帮助类保存在鸿蒙自带的关系型数据库中;若密码不一致,则弹窗提示用户名或密码错误。相关代码见本书配套资源"文件 16"。

3. 主界面逻辑

MainAbilitySlice 在应用启动时加载。首先,通过数据库帮助类访问鸿蒙自带关系型数据库,检查是否已经登录,若未登录,则跳转到登录界面;若已经登录,则初始化 PageSlider 和 TabList,初始化时需要借助 TabPageSliderProvider 类。然后,将 PageSlider 和 TabList 联动绑定。当选中寻找组队界面时,通过网络请求帮助类向后端发送 GET 请求,获取数据库中的组队信息,将数据渲染到每个 item 中,并为两个按钮绑定单击事件监听函数,单击组队按钮,通过网络请求帮助类向后端发送 POST 请求,将数据库中需求人数减一。在组队按钮不可以单击、取消按钮可以单击时,通过网络请求帮助类向后端发送 POST 请求,将数据库中需求人数加一。在取消按钮不可单击、组队按钮可以单击时,若需求人数为 0,单击组队按钮弹窗提示需求人数已满。若选中发布信息界面,单击发布信息按钮,获取用户输入的五条信息,通过网络请求帮助类向后端发送 POST 请求,将信息保存在数据库中,若有信息未填写,则弹窗提示检查信息是否完整。若选中我的界面,展示目前登录的用户名,若单击退出登录按钮,通过数据库帮助类删除鸿蒙自带关系型数据库中的登录信息,跳转到登录界面,相关代码见本书配套资源"文件 17"。

文件 17

4. 帮助类

本部分包括网络请求和数据库。

(1) 通过给定的 URL 发送 GET 或 POST 网络请求。

(2) 通过给定的查询条件或查询列进行增/删/查操作,并返回结果,相关代码见本书配套资源"文件 18"。

文件 18

7.3.3 后端开发

本部分包括实体类、服务逻辑、响应逻辑,下面分别给出各模块的功能介绍及相关代码。

1. 实体类

数据库中有用户信息、组队信息及规范的响应信息结构,下面通过 lombok 定义三个实体类。

(1) Users 实体类。

```
package com.example.myspring.domain;
import lombok.Data;
@Data
public class Users {
    private Integer uid;
    private String username;
    private String password;
    public Users(String username, String password) {
        this.username = username;
        this.password = password;
    }
}
```

(2) PostInfo 实体类。

```
package com.example.myspring.domain;
import lombok.Data;
@Data
public class PostInfo {
    private int uid;
    private String sportType;
    private String time;
    private String location;
    private String level;
    private int numNeeded;
    public PostInfo(int uid, String sportType, String time, String location, String level, int
numNeeded) {
        this.uid = uid;
        this.sportType = sportType;
        this.time = time;
        this.location = location;
        this.level = level;
        this.numNeeded = numNeeded;
    }
}
```

(3) response 实体类。

```
package com.example.myspring.domain;
import lombok.Data;
import org.springframework.stereotype.Component;
```

```
@Data
@Component
public class response {
    private String msg;
    private Integer code;
    private Object result;
}
```

2．服务逻辑

查询组队信息表，并将查到的数据返回；向组队信息的表中增加数据；通过用户名在用户信息表中进行查询，若存在则返回密码；根据传入组队信息的 ID 查询组队信息表，返回需求数量，使用 JDBC 连接 MySQL 数据库进行增/删/改/查操作，相关代码见本书配套资源"文件 19"。

文件 19

3．响应逻辑

根据不同的 URL 进行不同的响应，返回组队信息；向数据库的组队信息表添加信息；登录验证；注册验证；更新需求人数，通过调用在服务逻辑部分的代码实现对我的 MySQL 数据库的连接以及增/删/改/查操作，相关代码见本书配套资源"文件 20"。

文件 20

7.4 成果展示

打开 App，登录界面如图 7-4 所示；从登录界面单击注册按钮跳转到注册界面，如图 7-5 所示；输入用户名和密码，若该用户名已注册，弹窗提示如图 7-6 所示；若用户名未被注册，则成功注册，弹窗提示并跳转到登录界面，如图 7-7 所示。

图 7-4 登录界面   图 7-5 注册界面

图 7-6　用户名已被注册界面

图 7-7　成功注册界面

在登录界面输入用户名和密码,单击登录按钮,若用户名密码有误,弹窗提示,如图 7-8 所示;在登录界面输入用户名和密码,单击登录按钮,若用户名和密码均正确,弹窗提示登录成功并跳转到寻找组队界面,如图 7-9 所示;在寻找组队界面,若需求人数不为 0,单击组队按钮,需求人数减一,组队按钮不可单击,若已经组队,单击取消按钮,需求人数加一,若需求人数为 0,提示人数已满,如图 7-10 所示。

图 7-8　登录失败界面

图 7-9　登录成功界面

图 7-10　寻找组队界面

　　在发布信息界面,填写完成信息之后单击发布信息按钮,成功发布会弹窗提示发布信息成功,发布失败(将数据写入数据库的过程出错)会弹窗提示发布信息失败,若有信息未填写,会弹窗提示请检查信息是否完整,如图7-11和图7-12所示;在我的界面,显示当前登录的用户名,单击"退出登录"按钮会跳转到我的界面,如图7-13所示。

图 7-11　发布信息成功　　　　图 7-12　检查信息是否完整　　　　图 7-13　我的界面

项目 8

运 动 检 测

本项目通过鸿蒙系统开发工具 DevEco Studio,基于 Java 开发一款运动检测 App,实现对健康数据的实时获取、查看、监督等功能。

8.1 总体设计

本部分包括系统架构和系统流程。

8.1.1 系统架构

系统架构如图 8-1 所示。

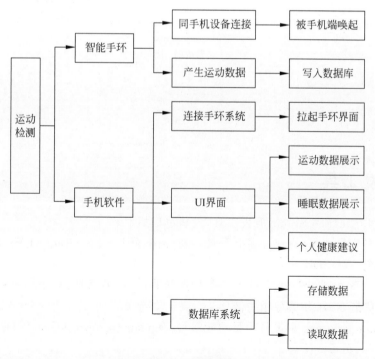

图 8-1 系统架构

8.1.2 系统流程

系统流程如图 8-2 所示。

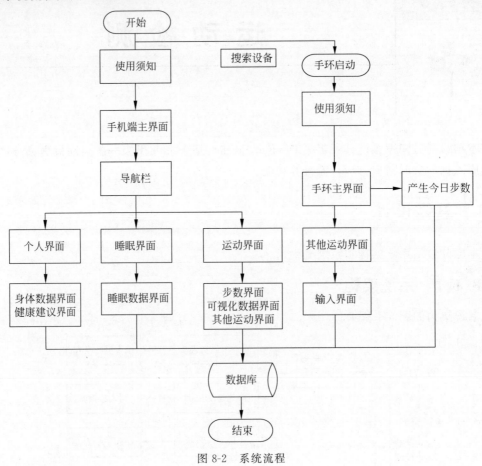

图 8-2　系统流程

8.2　开发工具

本项目使用 DevEco Studio 开发工具,安装过程如下。

(1) 注册开发者账号,完成注册并登录,在官网下载 DevEco Studio 并安装。

(2) 下载并安装 SDK。

(3) 新建设备类型和模板,首先设备类型选择 Phone;然后选择 Empty Feature Ability (Java);最后单击 Next 并填写相关信息。

(4) 在 main/src/java 中进行项目功能编写,在 main/resources/base 中存放页面资源,例如 XML 文件、图片资源等。

（5）创建后的应用目录结构如图8-3所示。

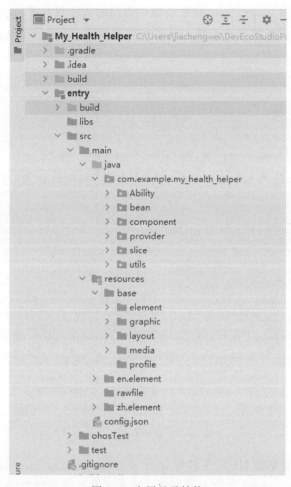

图8-3　应用目录结构

8.3　开发实现

本项目包括手机端和手环端，下面从界面设计和程序开发两个子系统分别给出各模块的功能介绍及相关代码。

8.3.1　界面设计

本部分包括图片导入、第三方绘图库导入和界面布局。

1.图片导入

将需要的图片（.jpg和.png格式）保存在resources/base/media文件夹下，在XML文件中进行调用，如图8-4所示。

2. 第三方绘图库导入

选用第三方绘图库 EazeGraph,将底层接口调用的实现修改成鸿蒙接口的实现,主要目标是创建一个轻量级精美图表库。导入第三方库需要在 Entry/src/build. gradle 文件下添加如下代码。

```
allprojects{
    repositories{
        mavenCentral()
    }
}
implementation 'io.openharmony.tpc.thirdlib: EazeGraph: 1.0.2'
```

导入成功后,在文件夹 External Libraries 中出现 EazeGraph 库,如图 8-5 所示。

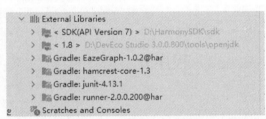

图 8-4　图片导入　　　　　　　　　　图 8-5　导入第三方绘图库

3. 界面布局

如图 8-6 所示,所有的 XML 文件保存在 main/resources/base/layout 文件夹下。在 main/resources/base/graphic 文件夹下存放用于设置背景颜色和形状的 XML 文件。

其中,ability_main. xml 是手机端使用须知界面,phone_ability_main. xml 是手机端主界面,device_list_item. xml 是搜索设备展示界面,watch_main. xml 是智能手环端使用须知界面,item_contact. xml 是队列界面,second_ability_main. xml 是手环端主界面,sleep. xml 是睡眠数据展示界面,item_dialog. xml 是输入框界面,watch_set. xml 是其他运动设置界面,pageslider_item1. xml 是手机端运动模块主界面,pageslider_item2. xml 是手机端睡眠模块主界面,sports_record. xml 是运动记录展示界面,my_body. xml 是个人身体数据展示界面,health_suggest. xml 是健康建议界面,pageslider_item3. xml 是手机端个人模块主界面,step_layout. xml 是一周步数展示界面。

由于 XML 文件数量较多,在此仅展示 XML 文件,其他文件采用相同的逻辑,相关代码见本书配套资源“文件 21”。

文件 21

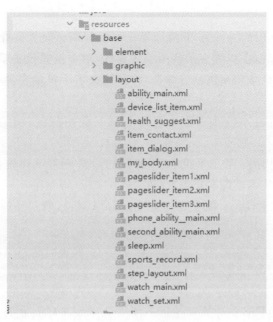

图 8-6 界面所需 XML 文件

8.3.2 程序开发

如图 8-7 所示,所有的功能文件均在 Entry/src/main/java 文件夹下存放。Ability 是应用所具备能力的抽象,也是应用程序的重要组成部分。一个应用可以具备多种能力(可以包含多个 Ability),鸿蒙系统支持应用以 Ability 为单位进行部署。Ability 文件夹下有三个文件,Watch_MainAbility 是手环端 Ability,MyApplication 是维持系统正常运转的自带功能,MainAbility 是手机端 Ability,三者均为 PageAbility 类型。一个 Page 可以由一个或多个 AbilitySlice 构成,AbilitySlice 是指应用的单个界面及其控制逻辑的总和。slice 文件夹下分别存放手机端和手环端各自使用的三个 slice。其他文件是为了实现 App 功能所编写的外部文件,简化代码结构。例如,KvStoreUtils 是提供数据库服务的外部类,ToastUtils 是显示弹窗信息的外部类。

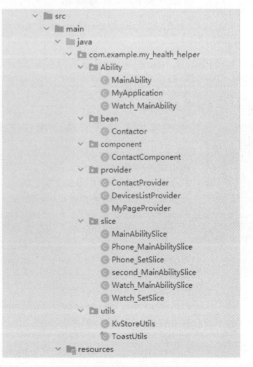

图 8-7 主要功能代码结构

1. 程序初始化

程序运行时,需要选择 Devices 下两部手机的远程调试装置。分别在两部手机上运行(安装程序),运行完成后,手机端显示使用须知界面,单击搜索设备后可以自动拉起手环端的使用须知界面,两部设备均单击我已知晓后,分别进入手机端主界面和手环端主界面,程序初始化完成。

文件 22

MainAbility 代码:主要实现权限申请和主 slice 路由配置,相关代码见本书配套资源"文件 22"。

文件 23

MainAbilitySlice 代码:展示手机端使用须知界面,搜索手环设备,展示拉起手环端使用须知界面,相关代码见本书配套资源"文件 23"。

Watch_MainAbility 代码:接收被拉起的 Ability 对象,展示手环端使用须知界面,相关代码见本书配套资源"文件 24"。

文件 24

Watch_MainAbilitySlice 代码:设置按钮监听,知晓使用须知后跳转到手环端主界面,相关代码见本书配套资源"文件 25"。

2. 运动数据的产生

文件 25

手环端通过产生随机数的方式产生近一周运动步数并写入数据库。此外,通过队列的形式完成其他运动的添加、编辑与删除,相关代码见本书配套资源"文件 26"。

3. 运动数据的读取与展示

本部分展示手机端主界面逻辑,读取与展示运动数据,包括步数展示、可视化图形界面等。

文件 26

Phone_MainAbilitySlice 为手机端主界面,通过 tabList 和 pageSlider 组件配合,实现主界面不同模块之间的切换,相关代码见本书配套资源"文件 27"。

4. 个人数据

文件 27

个人数据界面需要在 Picker 组件中设置性别、年龄、身高、体重、体脂率等信息。

```
private void myBodySet(){
    //绑定组件信息
    Picker picker = (Picker) findComponentById(ResourceTable.Id_sex_picker);
    picker.setDisplayedData(new String[]{"男♂", "女♀"});
    Picker picker1 = (Picker) findComponentById(ResourceTable.Id_age_picker);
    picker1.setMinValue(8); //设置选择器中的最小值
    picker1.setMaxValue(99); //设置选择器中的最大值
    Picker picker2 = (Picker) findComponentById(ResourceTable.Id_hight_picker);
    picker2.setMinValue(140);
    picker2.setMaxValue(210);
    Picker picker3 = (Picker) findComponentById(ResourceTable.Id_weight_picker);
    picker3.setMinValue(35);
    picker3.setMaxValue(110);
    Picker picker4 = (Picker) findComponentById(ResourceTable.Id_fatrate_picker);
    picker4.setDisplayedData(new String[]{"13%", "14%","16%","18%","19%","20%",
"21%","22%","23%","25%"});
    }
```

5．睡眠打卡

在睡眠模块界面有起床打卡和睡眠打卡两个按钮。需要判断当前是否为打卡时段并在打卡后将数据写入数据库。

```java
private void SleepCheck(){
    CurrentHour = setTimeText(Hour_Flag) + ":" + setTimeText(Min_Flag);
    //获取当前时间
    int currentHour = Integer.parseInt(setTimeText(Hour_Flag));
    //判断当前时间是否在睡眠打卡时间范围
    if((currentHour >= 21&&currentHour < 24)||(currentHour >= 0&&currentHour <= 4)){
        ToastUtils.showTips(getContext(),"睡眠打卡成功,详情请在睡眠数据界面查看",NORMAL
_TIP_FLAG);
    //将当前时间信息写入数据库
kvStore.putInt("SleepTime",TimeToInt(21,setTimeText(Hour_Flag),setTimeText(Min_Flag)));
    }//显示提示信息
    else{ToastUtils.showTips(getContext(),"当前不是睡眠打卡时间",ERROR_TIP_FLAG);}
}
private void GetUpCheck(){
    CurrentHour = setTimeText(Hour_Flag) + ":" + setTimeText(Min_Flag);
    int currentHour = Integer.parseInt(setTimeText(Hour_Flag));
    if((currentHour >= 4&&currentHour < 13)){
        ToastUtils.showTips(getContext(),"起床打卡成功,详情请在睡眠数据界面查看",NORMAL
_TIP_FLAG);
kvStore.putInt("GetUpTime",TimeToInt(4,setTimeText(Hour_Flag),setTimeText(Min_Flag)));
    }
    else{ToastUtils.showTips(getContext(),"当前不是起床打卡时间",ERROR_TIP_FLAG);}
}
```

6．睡眠数据的展示

睡眠数据以折线图的形式展示,分别绘制睡眠打卡数据图与起床打卡数据图,相关代码见本书配套资源"文件28"。

8.4　成果展示

文件28

在两个设备上同时安装运行,如图8-8所示;启动手机设备的健康宝App,显示手机端的使用须知界面,需要同意权限申请才能进行后续操作,如图8-9所示。

单击手机端搜索设备按钮后,自动跳转到主界面,同时显示当前可用的设备列表,单击设备名称HUAWEI　P40(模拟智能手环)启动手环应用,如图8-10所示;自动拉起手环端应用后,显示使用须知界面,单击"我知道了"即可跳转到手环端主界面。至此程序初始化完成,如图8-11所示。

在手环端主界面单击随机生成今日步数,即可模拟手环得到今日和过去七日的运动步数,该按钮只能单击一次,防止数据重复写入数据库。手环端主界面内容也随之改变,显示今日的行走距离、消耗热量等情况,如图8-12所示;在手机端今日步数界面中可以看到近七日步数的详情,完成对运动手环数据的获取与展示,如图8-13所示。

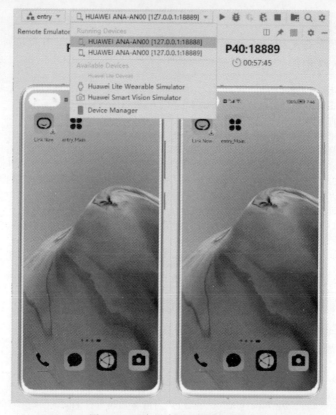

图 8-8 两台设备分别安装界面

图 8-9 手机端应用启动界面

图 8-10 搜索设备界面

图 8-11 程序初始化完成界面

图 8-12　手环产生今日步数界面

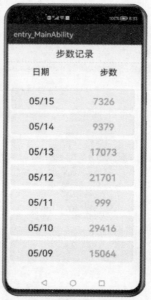

图 8-13　今日步数详情界面

在手环端单击设置"其他运动"按钮,在手机端单击"运动时刻"按钮,可以在两个设备上手动设定其他运动的数据,做到设备间协同,同时还能做到对数据的编辑和删除操作,如图 8-14 所示。

图 8-14 设定其他运动界面

手环端设定运动,读取数据并展示,如图 8-15 所示;在手机端运动记录界面中可以看到近七日步数的详情图表和近七日其他类型运动数据的图表。以可视化的方式将最近的运动数据呈现给用户,使用户能够更好、更直观地了解自己的运动情况,以此设定运动计划等,如图 8-16 所示。

图 8-15 设备间的数据同步界面

在主界面的睡眠模块中,可以进行睡眠打卡和起床打卡并查看具体的睡眠记录情况。如图 8-17 所示,当前时间不在指定范围内时,单击打卡按钮会给出打卡失败的提示信息。当前时间在指定的范围内则会提示打卡成功,并将本次打卡信息存入数据库。如图 8-18 所示,用户可以在一周睡眠记录界面查看具体的睡眠和起床时间,图像也能更好地展示睡眠状况的趋势。

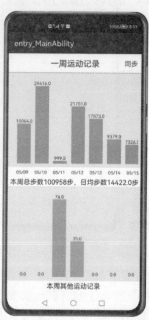

图 8-16 运动记录图表界面

图 8-17 睡眠打卡与起床打卡界面

图 8-18 睡眠情况记录图表界面

　　个人身体数据记录界面如图 8-19 所示,用户可以自己填写有关身体数据的个人信息;健康建议界面如图 8-20 所示,根据用户当日的健康状况给出相应建议,旨在提高用户的健康质量。

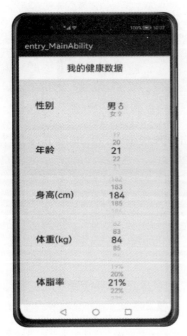

图 8-19 个人身体数据记录界面

图 8-20 健康建议界面

项目 9

健 身 助 理

本项目通过鸿蒙系统开发工具 DevEco Studio,基于 JavaScript 和 Java 开发一款健身辅助 App,实现制订健身计划、饮食管理、记录心得。

9.1 总体设计

本部分包括系统架构和系统流程。

9.1.1 系统架构

系统架构如图 9-1 所示。

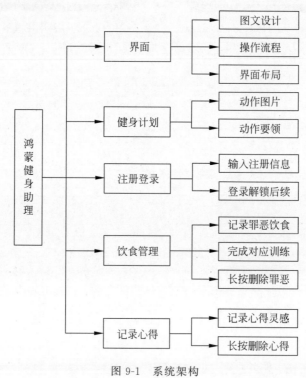

图 9-1 系统架构

9.1.2　系统流程

系统流程如图 9-2 所示。

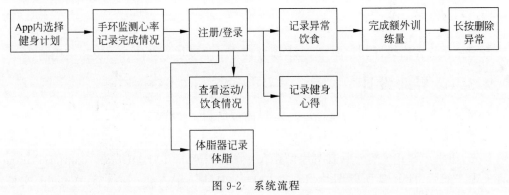

图 9-2　系统流程

9.2　开发工具

本项目使用 DevEco Studio 开发工具,安装过程如下。

(1) 注册开发者账号,完成注册并登录,在官网下载 DevEco Studio 并安装。

(2) 下载并安装 Node.js。

(3) 新建设备类型和模板,首先设备类型选择 Phone;然后选择 Empty Feature Ability (JavaScript);最后单击 Next 并填写相关信息。

(4) 创建后的应用目录结构如图 9-3 所示。

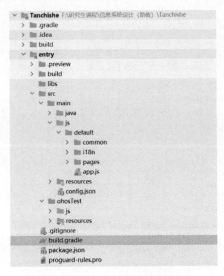

图 9-3　应用目录结构

（5）在src/main/js目录下进行JavaScript界面开发，包括锻炼计划及动作内容。

（6）在新建Java文件中完成注册、登录界面、数据库建立、饮食和心得记录。

9.3　开发实现

本项目包括界面设计和程序开发，下面分别给出各模块的功能介绍及相关代码。

9.3.1　界面设计

本部分包括图片导入、JavaScript/Java界面布局和完整代码。

1. 图片导入

首先，将JavaScript部分所需图片保存在entry\src\main\js\default\common\images文件夹中。然后，将Java所需图片保存在entry\src\main\resources\base\media文件夹中，如图9-4所示。

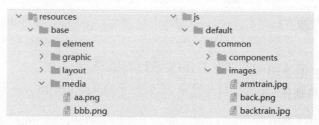

图9-4　图片导入

2. JavaScript界面布局

健身动作规划及动作查看相关代码如下。

（1）设置健身计划、分类、饮食、心得界面。

```
< tabs class = "tabs" index = "0" vertical = "false" onchange = "change">
    < tab - content class = "tabcontent" scrollable = "{{checked}}">
      < trainplan ></ trainplan >
      < category ></ category >
      < food @scrollable = "handleScrollable"></ food >
        < mind ></ mind >
    </ tab - content >
```

（2）界面底部选项卡。

```
< image src = "{{currentIndex === index ? value.activeIcon : value.icon}}"></ image >
< text >
    < span class = "{{currentIndex === index ? 'light' : ''}}">
        {{value.title}}
    </ span >
</ text >
```

（3）设置第一个跳转界面，以胸部训练为例，进入对应计划的图片文字页面。

```
handleClick(title) {
    router.push({
        uri: 'pages/list/cb - list',
        params: {
            title
        }
    })
}
```

(4) 设置第二个界面的跳转,以 5 月 10 日体育课为例,如果单击体育课计划中的 6 个动作,会进入 pe0501(计划的图片文字)界面。

```
if (tab == '0510111'||tab == '0510112'||tab == '0510113'||
tab == '0510114'||tab == '0510115'||tab == '0510116'||tab == '0510117')
{ console. log(tab)
    router.push({
    uri: 'pages/pe0501/pe0501',
    params: {
        title: tab. name
    }
})
}
```

(5) 进入计划的图文界面后,单击动作图片,详细查看动作要领。例如,单击 5 月 10 日体育课中开合跳这一动作。

```
< div class = "list - desc">
    < text class = "title">
        < span >{{ $ item. name}}</span >
    </text >
    < text class = "burden">
        < span >{{ $ item. burdens}}</span >
    </text >
    < text class = "fans">
        < span >{{ $ item. all_click}}浏览 {{ $ item. favorites}}收藏</span >
    </text >
</div >
andleItemClick( $ item) {
    router.push({
      uri: 'pages/detail/detail',
      params: $ item
    })
}
```

3. Java 界面布局

本部分包括注册登录、饮食记录及健身心得记录。

(1) 注册登录相关代码如下。

```
< Button
    ohos:id = " $ + id:dltext"
    ohos:height = "match_content"
```

```
        ohos:width = "match_content"
        ohos:text = "请登录"
        ohos:text_alignment = "center"
        ohos:text_size = "20fp"
        ohos:background_element = " $ graphic:ability_mine_pz"
        />
if (new UserDao().f ) {
    register1 = (Button) findComponentById(ResourceTable.Id_dltext);
    register1.setText(new UserDao().user.getMz() + "(切换账号)");
} else {
    register1.setText("请登录");
}
```

（2）罪恶饮食可以选择餐饮、零食、水果对应记录，多做的健身量也可以记录在"运动"里，卡路里量可以记为负值。健身心得可以记在任何项目中，在备注/心得中输入即可，相关代码如下。

```
< Text
        ohos:id = " $ + id:dltex2"
        ohos:height = "match_content"
        ohos:width = "match_content"
        ohos:text = "靓仔,今天健身了没?"
        ohos:text_alignment = "horizontal_center"
        ohos:text_size = "35fp"
        ohos:background_element = " # 77CFCFD0"
        ohos:text_color = " # FF6A00FF"
        ohos:top_margin = "20vp"/>
< Text
        ohos:width = "match_parent"
        ohos:height = "match_content"
        ohos:text = "卡路里量"
        ohos:text_color = " # 222222"
        ohos:text_size = "16fp"
        ohos:weight = "1"
        ohos:layout_alignment = "vertical_center|left"/>
```

（3）记录界面：查看记录的卡路里、时间，可以修改记录的参数，也可以长按删除。

```
commonDialog.setTitleText("提示");
commonDialog.setContentText("你要确认要删除吗");
commonDialog.setAlignment(TextAlignment.CENTER);
commonDialog.setAutoClosable(true);
commonDialog.setButton(IDialog.BUTTON1, "确认", (iDialog, var) -> {
    long i = Long.parseLong(id2);
    billDao.deleteBill(i);
    iDialog.destroy();
    Intent a = new Intent();
    present(new MainAbilitySlice(),a);;
});
```

4. 完整代码

界面设计完整代码见本书配套资源"文件 29"。

文件 29

9.3.2　程序开发

本部分包括 JavaScript 文件和 Java 文件的开发。

（1）逻辑代码Ⅰ：JavaScript 文件（pe0501.js 及 cb-list.js）。

负责 5 月 10 日体育课界面的逻辑代码，见本书配套资源"文件 30"。

胸部动作训练的 JavaScript 代码见本书配套资源"文件 31"。

文件 30

（2）逻辑代码Ⅱ：Java 文件（MainAbilitySlice.java）。

负责处理长按删除数据功能及增加统计的修改次数，相关代码见本书配套资源"文件 32"。

文件 31

9.4　成果展示

我的界面如图 9-5 所示；注册登录界面如图 9-6 所示；种类界面如图 9-7 所示；记录界面如图 9-8 所示。

文件 32

图 9-5　我的界面

图 9-6　登录注册界面

查看记录的卡路里、时间，可以修改记录的参数，也可以长按删除，如图 9-9～图 9-12 所示。

图 9-7　种类界面

图 9-8　记录界面

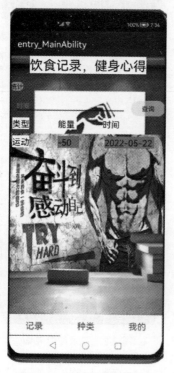

图 9-9　卡路里记录界面

图 9-10　修改记录界面

图 9-11 长按询问删除

图 9-12 删除后界面

项目 10 简 易 抖 音

本项目通过鸿蒙系统开发工具 DevEco Studio，基于 Java 开发一款简易抖音 App，实现可以在手机和电视上分布式播放。

10.1 总体设计

本部分包括系统架构和系统流程。

10.1.1 系统架构

系统架构如图 10-1 所示。

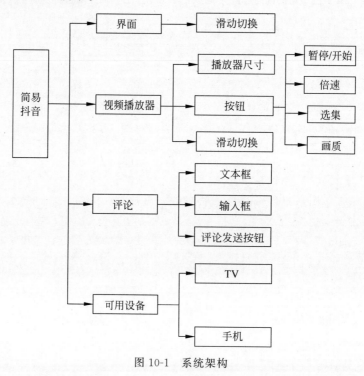

图 10-1　系统架构

10.1.2　系统流程

系统流程如图 10-2 所示。

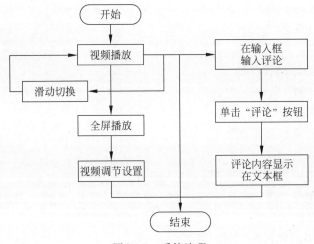

图 10-2　系统流程

10.2　开发工具

本项目使用 DevEco Studio 开发工具，安装过程如下。

（1）注册开发者账号，完成注册并登录，在官网下载 DevEco Studio 并安装。

（2）新建设备类型和模板，首先设备类型选择 Phone＋TV；然后选择 VideoPlayer Ability；最后单击 Next 并填写相关信息。

（3）创建后的应用目录结构如图 10-3 所示。

（4）在 entry/src/main/java 目录下进行简易抖音的应用开发。

10.3　开发实现

本项目包括界面设计和程序开发，下面分别给出各模块的功能介绍及相关代码。

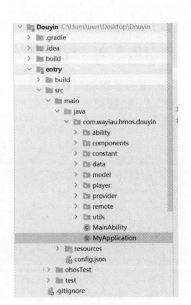

图 10-3　应用目录结构

10.3.1　界面设计

本部分包括视频/图片导入、界面布局和完整代码。

1．视频/图片导入

首先，将选好的视频和图片导入 project 中；然后，将选好作为暂停按钮、分布式流转按钮等图片（．png 格式）、需要调试播放的视频文件（．mp4 格式）保存在 resource/base/media 文件夹下，如图 10-4 所示。

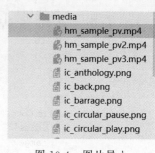

图 10-4　图片导入

2．界面布局

简易抖音的界面布局设计如下。

（1）播放列表设置。

（2）TV 满屏播放。

（3）手机视频播放界面。

（4）播放设置列表。

（5）选集界面布局。

（6）倍速界面布局。

（7）评论界面设计。

相关代码见本书配套资源"文件 33"。

文件 33

3．完整代码

界面设计完整代码见本书配套资源"文件 34"。

文件 34

10.3.2　程序开发

本部分包括初始化、添加组件、视频滑动事件、视频播放器设置、评论区设置和完整代码。

1．初始化

```
"package": "com.waylau.hmos.douyin",
"name": ".MyApplication",
"mainAbility": "com.waylau.hmos.douyin.MainAbility",
//设备类型:手机、TV
"deviceType": [
    "phone","tv"
],
"distro": {
    "deliveryWithInstall": true,
    "moduleName": "entry",
    "moduleType": "entry",
    "installationFree": false
},
```

2．添加组件

在视频播放器中添加各种按钮及进度条。

（1）添加返回按钮。

```
player.addPlaybackButton(new VideoPlayerPlaybackButton(getContext()), VideoBoxArea.BOTTOM);
```

（2）添加下一集按钮。

```
player.addComponent(
    new IBaseComponentAdapter() {
        private Image iamge;
        @Override
//添加按钮图片
        public Component initComponent() {
            iamge = new Image(getContext());
            iamge.setImageElement(
                    ElementUtils.getElementByResId(getContext(),
ResourceTable.Media_ic_next_anthology));
            return iamge;
        }
//监听按钮
        @Override
        public void onClick(Component component) {
            HiLog.info(LABEL, "select next episode");
            if (currentPlayingIndex < videoService.getAllVideoInfo().getDetail().size() - 2) {
                currentPlayingIndex = currentPlayingIndex + 1;

playbackNext(videoService.getVideoInfoByIndex(currentPlayingIndex));
            }
        }
        @Override
        public DirectionalLayout.LayoutConfig initLayoutConfig() {
            return null;
        }
        //视频来源转换
        @Override
        public void onVideoSourceChanged() {
        }
    },
    VideoBoxArea.BOTTOM);
```

（3）添加进度条。

```
//add progress bar
player.addSeekBar(
    new VideoPlayerSlider(getContext()),
    VideoBoxArea.BOTTOM,
    (int) AppUtil.getFloatResource(getContext(), ResourceTable.Float_normal_margin_16));
```

（4）添加全屏按钮。

```
player.addComponent(
    new IBaseComponentAdapter() {
        private Image button;
        @Override
        public Component initComponent() {
            button = new Image(getContext());
            button.setImageElement(
                    ElementUtils.getElementByResId(
```

```
                                              getContext ( ), ResourceTable. Media_ ic_ orientation_
switchover));
                        return button;
                }
```

（5）添加选择播放列表按钮。

```
player. addComponent(
        new IBaseComponentAdapter() {
                private Text text;
                private PopupDialog playlistDialog;
                @ Override
                public Component initComponent() {
                        text = new Text(getContext());
                        text. setText(ResourceTable. String_select_playlist);
                         text. setTextSize(AppUtil. getDimension(getContext(), ResourceTable. Float_
normal_text_size_14));
                        text. setTextColor(Color. WHITE);
                        return text;
                }
```

（6）添加选择清晰度按钮。

```
player. addComponent(
        new IBaseComponentAdapter() {
                private Text text;
                private PopupDialog resolutionSelectionDialog;
                @ Override
                public Component initComponent() {
                        text = new Text(getContext());
                        ResolutionModel resolution =
                                videoService
                                        . getVideoInfoByIndex(currentPlayingIndex)
                                        . getResolutions()
                                        . get(currentPlayingResolutionIndex);
                        text. setText(resolution. getShortName());
                         text. setTextSize(AppUtil. getDimension(getContext(), ResourceTable. Float_
normal_text_size_14));
                        text. setTextColor(Color. WHITE);
                        return text;
                }
```

（7）添加播放列表。

```
private Component getPlaylistItem(int index, int width, int height) {
    Component anthologyItem = LayoutScatter. getInstance(getContext()). parse(ResourceTable.
Layout_remote_episodes_item, null, false);
    anthologyItem. setComponentSize(width, height);
    HiLog. debug(LABEL, "Set playlist item size = [" + width + "," + height + "]");
     Text numberText = (Text) anthologyItem. findComponentById(ResourceTable. Id_episodes_
item_num);
    numberText. setTextColor(Color. WHITE);
```

3. 视频滑动事件

在 VideoPlayAbilitySlice 中增加对 VideoPlayerView 的拖动事件处理，VideoPlayerView 的变量名是 player，在 onStart 方法中，增加对 player 滑动事件处理。

```
player.setDraggedListener(
Component.DRAG_HORIZONTAL_VERTICAL,
new Component.DraggedListener() {
@Override
//向下滑
public void onDragDown(Component component, DragInfo dragInfo) {
}
@Override
public void onDragStart(Component component, DragInfo dragInfo) {
}
@Override
//滑动更新下个视频
public void onDragUpdate(Component component, DragInfo dragInfo) {
int size = videoService.getAllVideoInfo().getDetail().size();
HiLog.info(LABEL, "size:%{public}s, currentPlayingIndex:%{public}s", size,
currentPlayingIndex);
currentPlayingIndex = (++currentPlayingIndex) % size;
HiLog.info(LABEL, "size:%{public}s, currentPlayingIndex:%{public}s", size,
currentPlayingIndex);
playbackNext(videoService.getVideoInfoByIndex(currentPlayingIndex));
}
@Override
//滑动结束
public void onDragEnd(Component component, DragInfo dragInfo) {
}
@Override
//滑动取消
public void onDragCancel(Component component, DragInfo dragInfo) {
}
});
```

4. 视频播放器设置

本部分包括添加视频题目和控制视频播放。

（1）添加视频题目文本并设置大小。

```
public Text initComponent() {
    title = new Text(getContext());
    PixelMapElement element =
            ElementUtils.getElementByResId(getContext(), ResourceTable.Media_ic_video_
back);
    title.setAroundElements(element, null, null, null);
    title.setAroundElementsPadding(AttrHelper.vp2px(4, getContext()));
    title.setMaxTextLines(1);
    title.setTextColor(Color.WHITE);
    title.setAutoFontSize(true);
    title.setAutoFontSizeRule(
            AppUtil.getDimension(getContext(), ResourceTable.Float_little_text_size_10),
```

```
            AppUtil.getDimension(getContext(), ResourceTable.Float_normal_text_size_20),
            AppUtil.getDimension(getContext(), ResourceTable.Float_normal_text_step_2));
//设置文本大小
    int textSize = title.getTextSize();
    HiLog.debug(LABEL, "Video title text size = " + textSize);
    String name = videoService.getVideoInfoByIndex(currentPlayingIndex).getVideoDesc();
    title.setText(name);
```

（2）在onstart函数中添加双击操作控制视频播放或暂停。

```
player.setDoubleClickedListener(
        component -> {
            if (remoteController != null && remoteController.isShown()) {
                return;
            }
            HiLog.debug(LABEL, "VideoPlayView double-click event");
//如果播放器正在播放,单击按钮则静止;反之,则播放
            if (player.isPlaying()) {
                player.pause();
            } else {
                player.start();
            }
        });
//播放器错误监听函数
player.setErrorListener(
        (errorType, errorCode) -> {
            ToastDialog toast = new ToastDialog(getContext());
            switch (errorType) {
                case HmPlayerAdapter.ERROR_LOADING_RESOURCE:
                    toast.setText(
                            AppUtil.getStringResource(
                                    getContext(), ResourceTable.String_media_file_loading_
error));
                    break;
                case HmPlayerAdapter.ERROR_INVALID_OPERATION:
                    toast.setText(
                            AppUtil.getStringResource(
                                    getContext(), ResourceTable.String_invalid_operation));
                    break;
                default:
                    toast.setText(
                            AppUtil.getStringResource(
                                    getContext(), ResourceTable.String_undefined_error_
type));
                    break;
            }
//界面多线程管理
            getUITaskDispatcher().asyncDispatch(toast::show);
        });
```

5. 评论区设置

应用需要在视频播放器下方设置评论按钮,在输入文本框输入字符,单击评论按钮,评

论内容将逐行显示在评论区中。

```
//评论的内容以逐行的方式展现
Text textAutoScrolling =
        (Text) findComponentById(ResourceTable.Id_text_auto_scrolling);
//添加评论按钮
Button button =
        (Button) findComponentById(ResourceTable.Id_comment_button);
//添加显示评论的文本框
TextField commentTextField =
        (TextField) findComponentById(ResourceTable.Id_comment_text_field);
//为评论按钮设置单击事件回调
button.setClickedListener(listener -> {
        saybuf.append(commentTextField.getText() + "\n");
        textAutoScrolling.setText(saybuf.toString());
```

6. 完整代码

程序开发完整代码见本书配套资源"文件 35"。

文件 35

10.4　成果展示

打开 App,应用初始界面如图 10-5 所示。

图 10-5　应用初始界面

单击视频播放按钮,视频分布式在手机和 TV 开始播放,如图 10-6 所示。

当用户通过滑动切换视频时,视频播放器将播放下个视频,如图 10-7 所示;当用户在输入框中输入评论内容后,单击评论按钮,评论分行显示在视频播放器下的文本框中,如

图 10-8 所示。当手机视频播放时单击全屏按钮后，视频方向改变，且分别出现下一集、选集、倍速、选择清晰度等按钮，界面与 TV 相似，如图 10-9 所示。

图 10-6　视频播放界面

图 10-7　滑动后播放界面　　　　图 10-8　评论界面

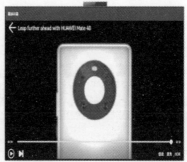

图 10-9　全屏界面

项目 11

新 闻 头 条

本项目通过鸿蒙系统开发工具 DevEco Studio,基于 Java 开发一款新闻头条 App,实现新闻实时浏览。

11.1 总体设计

本部分包括系统架构、系统流程和功能结构。

11.1.1 系统架构

系统架构如图 11-1 所示。

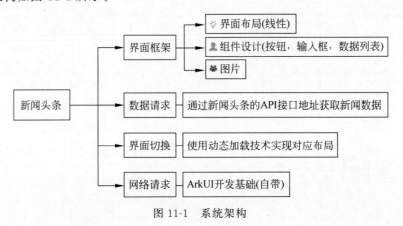

图 11-1 系统架构

11.1.2 系统流程

系统流程如图 11-2 所示;功能结构如图 11-3 所示。

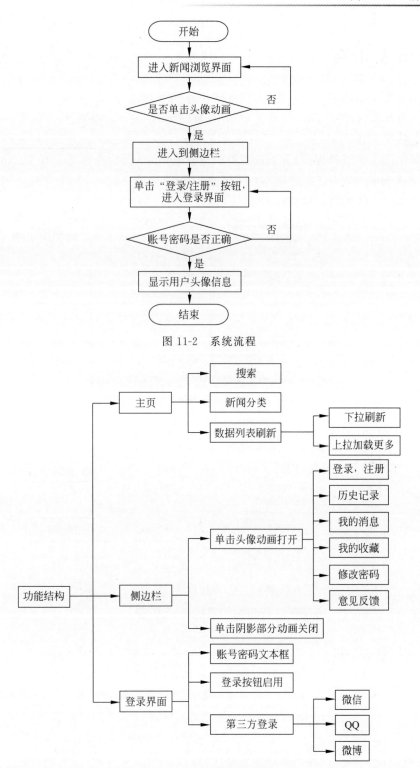

图 11-2 系统流程

图 11-3 功能结构

11.2　开发工具

本项目使用 DevEco Studio 开发工具,安装过程如下。

（1）注册开发者账号,完成注册并登录,在官网下载 DevEco Studio 并安装。

（2）下载并安装 Node.js。

（3）新建设备类型和模板,首先设备类型选择 Phone；然后选择 Empty Feature Ability（JavaScript）；最后单击 Next 并填写相关信息。

（4）创建后的应用目录结构如图 11-4 所示。

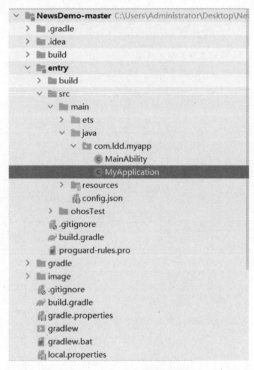

图 11-4　应用目录结构

（5）在 src/main/etc 目录下进行新闻头条的应用开发。

11.3　开发实现

本项目包括界面设计和程序开发,下面分别给出各模块的功能介绍及相关代码。

11.3.1　界面设计

本部分包括图片导入、界面布局和完整代码。

1. 图片导入

首先,将选好的界面图片导入 project 中;然后,将图片文件(. png 格式)保存在 main/resources/base/media 文件夹下,如图 11-5 所示。

2. 界面布局

界面布局设计如下。

主界面从上至下分为三部分:标题栏、Tab 标签和数据列表。

(1) 标题栏。使用 Row 布局,包括 Image 和 Swiper 组件(搜索框中文字上下切换),相关代码如下。

图 11-5　图片导入

```
//标题栏
@Builder CustomTitleBar() {
    Row() {
        //头像
        Image(this.isLogin ? $ r('app. media. ic_
ldd_headpic') : $ r('app.media.ic_default_headpic'))
            .width(30)
            .height(30)
            .borderRadius(15)
            .margin({ right: 10 })
            .onClick(() => {
            this. openSideMenu()
        })
    //搜索框
    Row() {
    //搜索图标
    Image( $ r('app.media.ic_search'))
        .width(15).height(15)
        .margin({ left: 10 })
    //视图上下切换
    Swiper() {
        ForEach(this.listSearch, item => {
            Text(item)
                .height('100 % ')
                .fontSize(12)
                .fontColor('#505050')
                .margin({ left: 10 })
        }, item => item)
    }
    .vertical(true)                    //方向为纵向
    .autoPlay(true)                    //自动播放
    .indicator(false)                  //隐藏指示器
    .interval(3000)                    //切换间隔时间 3s
}
.layoutWeight(1)
.height('100 % ')
```

```
            .backgroundColor('#F1F1F1')
            .borderRadius(15)
        }
        .width('100%')
        .height(50)
        .backgroundColor(Color.White)
        .padding({ top: 10, bottom: 10, left: 15, right: 15 })
    }
```

（2）Tab 标签。根据屏幕宽度、Tab 标签的总数量得出 tabItem 的宽度。底部设置的指示器，单击 Tab，根据 index（当前索引）×itemWidth（每个 Tab 的宽度）设置属性动画，可以实现切换效果，相关代码如下。

```
import { TabModel,getTabList} from '../../model/tabModel.ets';
import display from '@ohos.display';
@Component
export struct HomeTabs {
    //Tab 数据
    private listTab = getTabList()
    //tabItem 平均宽度
    @State tabIndicatorWidth: number = 152
    //指示器
    @State tabIndex: number = 0
    //对外暴露的方法
    private tabClick: (item: TabModel) => void
    private aboutToAppear() {
        display.getDefaultDisplay((err, data) => {
            if (!err) {
            //获取 tabItem 平均宽度
            this.tabIndicatorWidth = data.width / this.listTab.length
        }
    })
}
build() {
    Column(){
        Stack({ alignContent: Alignment.Bottom }) {
            //tab 内容
            Row() {
                ForEach(this.listTab, item => {
                    Button() {
                        Text(item.name)
                            .fontSize(this.tabIndex == item.id ? 15 : 13)
    //根据当前选中改变字体大小
                            .fontColor(this.tabIndex == item.id ? $r('app.color.app_
theme') : '#000000')//根据当前选中改变字体颜色
                    }
                    .layoutWeight(1)
                    .height(35)
                    .type(ButtonType.Normal)
                    .backgroundColor(Color.White)
```

```
                .onClick(() => {
                    this.tabIndex = item.id                    //更新索引
                    this.tabClick(item)                        //提供给外部调用
                })
        }, item => item.tabType)
}.height(35)
//指示器
Row() {
    Divider()
        .width('${this.tabIndicatorWidth}px')                 //平均宽度
        .strokeWidth(3)
        .color($r('app.color.app_theme'))
        .lineCap(LineCapStyle.Round)                          //圆角
        .padding({ left: 10, right: 10 })
        .offset({ x: '${this.tabIndex * this.tabIndicatorWidth}px', y: 0 })
                                                              //改变偏移量
        .animation({ duration: 300 })                         //属性动画
    }.width('100%')
}.backgroundColor(Color.White)
Divider().color('#e8e8e8')
        }
    }
}
```

（3）数据列表。根据数据展示的item布局样式不同,分为两种情况:单张图片和多张图片,下拉刷新和加载更多功能,相关代码见本书配套资源"文件36"。

文件36

3. 完整代码

界面设计完整代码见本书配套资源"文件37"。

文件37

11.3.2 程序开发

本部分包括模拟用户登录、数据及网络请求、列表下拉刷新上拉加载、保存登录状态和完整代码。

1. 模拟用户登录

设置用户的账号、密码及界面登录信息提示。

```
//模拟用户登录
login(){
    this.loadingDialog.open()
    setTimeout(() =>{
        if (this.account == 'ldd' && this.password == '123456') {
            prompt.showToast({message:'登录成功'})
            this.infoStorage.setUserId('000001')
            router.back()
        }else{
            prompt.showToast({message:'登录失败,账号或密码错误!'})
        }
        this.loadingDialog.close()
```

```
        },2000)
    }
}
```

2. 数据及网络请求

调用聚合数据（数据库）的 API，进行网络交互，获取新闻数据，步骤如下。

（1）声明网络请求权限，在 entry 下的 config.json 中 module 字段下配置权限。

（2）支持 http 明文请求，默认支持 https，如果要支持 http，在 entry 下的 config.json 中 deviceConfig 字段下配置。

（3）创建 HTTPRequest。

（4）发起请求（GET 请求），解析数据。

```
getHomeData() {
    if(this.isShowLoadingDialog){
        //显示加载框
        this.loadingDialog.open()
    }
    //创建 http
    let httpRequest = http.createHttp()
    //请求数据
    httpRequest.request('http://v.juhe.cn/toutiao/index',
        {
                //从源码得知 method 的类型是 RequestMethod
                //设置 method: http.RequestMethod.POST 时报错
                //设置成 method: http.POST
                method: http.POST,
                extraData: {
                'key': '9099932a8e3acd3dbdd4bd11fcc98738',
                'page_size': '10',
            'page': '' + this.pageNo,
            'type': '' + this.tabType,
            }
        },
        (err, data) => {
            if (!err) {
                if (data.responseCode == 200) {
                    //解析数据
                    var newsModel: NewsModel = JSON.parse(JSON.stringify(data.result))
                    //判断接口返回码,0 为成功
                    if (newsModel.error_code == 0) {
                        if(this.pageNo == 1){
                            this.listNews = newsModel.result.data
                        }else{
                            for (var i = 0;i < newsModel.result.data.length; i++) {
                                let newsData = newsModel.result.data[i]
                                this.listNews.push(newsData)
                            }
                        }
```

```
            } else {
                //接口异常,弹出提示
                prompt.showToast({ message: newsModel.reason })
            }
        } else {
            //请求失败,弹出提示
            prompt.showToast({ message: '网络异常' })
        }
    } else {
        //请求失败,弹出提示
        prompt.showToast({ message: err.message })
    }
    if(this.isShowLoadingDialog) {
        //关闭加载框
        setTimeout(() => {
            this.loadingDialog.close()
        }, 500)
    }
    //关闭下拉刷新
    if(this.isRefreshing){
        this.closeRefresh()
    }
    //关闭加载更多
    if(this.isLoading){
        this.closeLoadMore()
    }
    this.isShowLoadingDialog = true
    })
}
```

3. 列表下拉刷新上拉加载

根据 List 中的回调方法 onScrollIndex()监听当前列表首尾索引,根据触摸事件 onTouch()处理下拉和上拉,相关代码见本书配套资源"文件 38"。

文件 38

4. 保存登录状态

用户登录后需要一直保存登录数据,相关代码如下。

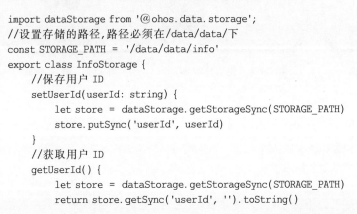

```
import dataStorage from '@ohos.data.storage';
//设置存储的路径,路径必须在/data/data/下
const STORAGE_PATH = '/data/data/info'
export class InfoStorage {
    //保存用户 ID
    setUserId(userId: string) {
        let store = dataStorage.getStorageSync(STORAGE_PATH)
        store.putSync('userId', userId)
    }
    //获取用户 ID
    getUserId() {
        let store = dataStorage.getStorageSync(STORAGE_PATH)
        return store.getSync('userId', '').toString()
```

文件 39

```
    }
```

5. 完整代码

程序开发完整代码见本书配套资源"文件 39"。

11.4 成果展示

打开 App,单击不同标签可以跳转到不同类型的新闻界面,向上拉刷新,向下加载更多,应用初始界面如图 11-6 所示;侧边栏界面可实现简单的单击头像动画打开,单击阴影部分动画关闭,默认为关闭状态,如图 11-7 所示;登录界面根据输入框是否有内容判断按钮的启用状态,如图 11-8 所示。

图 11-6　应用初始界面　　　　图 11-7　侧边栏界面　　　　图 11-8　登录界面

项目 12

哔 哩 助 手

本项目通过鸿蒙系统开发工具 DevEco Studio，基于 JavaScript 和 Java 开发哔哩助手，实现功能直达，减少广告及装饰手机桌面的效果。

12.1 总体设计

本部分包括系统架构和系统流程。

12.1.1 系统架构

系统架构如图 12-1 所示。

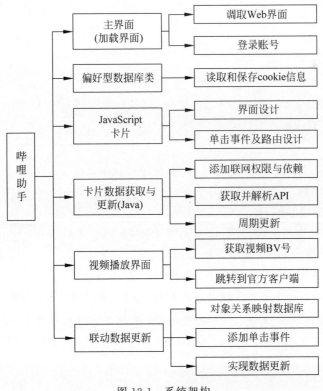

图 12-1 系统架构

12.1.2　系统流程

系统流程如图 12-2 所示。

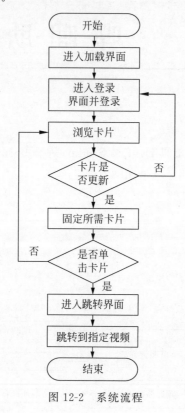

图 12-2　系统流程

12.2　开发工具

本项目使用 DevEco Studio 开发工具,安装过程如下。

(1) 注册开发者账号,完成注册并登录,在官网下载 DevEco Studio 并安装。

(2) 下载并安装 Node.js。

(3) 新建设备类型和模板,首先设备类型选择 Phone;然后选择 Empty Feature Ability (JavaScript);最后单击 Next 并填写相关信息。

(4) 创建后的应用目录结构如图 12-3 所示。

(5) 在 src/main/js 目录下进行卡片界面的应用开发,如图 12-4 所示。

(6) 在 src/main/java 目录下进行加载界面、跳转界面设计及卡片数据的获取和更新,如图 12-5 所示。

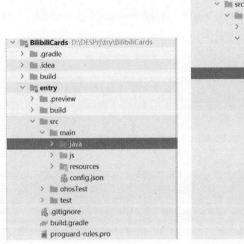

图 12-3　应用目录结构

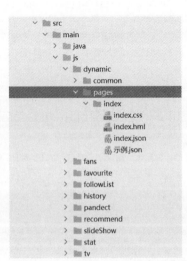

图 12-4　卡片布局开发目录结构

图 12-5　开发目录

12.3　开发实现

本项目包括 JavaScript 卡片布局、Java 数据处理和程序开发,下面分别给出各模块的功能介绍及相关代码。

12.3.1　JavaScript 卡片布局

本部分包括卡片界面、单击事件路由设置和示例界面,这里以追剧列表卡片进行介绍。

1. 卡片界面

卡片容器组件有多种,主要用到 List 列表容器、div 基础容器、swiper 滑动容器及 stack 堆叠容器组件。

(1) 以 TV 卡片为例,使用 List 列表容器组件,方便上下滑动浏览,相关代码如下。

```
< list class = "list" else >
        < list - item for = "{{list}}" class = "list - item" >
            < div class = "div" onclick = "sendRouteEvent" >
                < stack class = "stack" >
                    <!-- 影视封面 -->
                    < image class = "item_cover" src = "{{ $ item.cover }}" ></image >
                    <!-- 标识 -->
                    < text class = "item_badge" style = "background - color: {{ $ item.badge_
                      info.bg_color}};">{{ $ item.badge}}</text >
                    <!-- 更新情况 -->
                    < text class = "item_index_show">{{ $ item.new_ep.index_show }}</text >
                </stack >
```

```
                    <!-- 影视标题 -->
                    < text class = "item_title">{{ $ item.title }}</text>
                    <!-- 观看进度 -->
                    <text class = "item_progress"style = "color: {{ $ item.follow_status}};" >{{
                        $ item.progress }}</text>
                </div>
            </list - item>
        </list>
```

（2）以 stat 卡片为例，使用 div 基础容器组件，相关代码如下。

```
< div>
    < div style = "justify - content: center;width: 100 %;height: 100 %;" if = "{{code}}">
        < text>{{message}}</text>
    </div>
    < div class = "div_root" else>
        < div class = "row">
<!--     < div class = "column" style = "border - color: #8dd5ed;" >-->
            < div class = " column" style = " border - color: {{color1}}" onclick =
                "sendMessageEvent1">
            < text class = "title">视频播放</text>
            < text class = "data">{{data.total_click}}</text>
            < div>
                < text class = "title">昨日</text>
                < text class = "data">▲</text>
                < text class = "incre_data">{{data.incr_click}}</text>
            </div>
        </div>
        <div class = " column" style = " border - color: {{ color2 }}" onclick =
            "sendMessageEvent2">
            < text class = "title">评论数</text>
            < text class = "data">{{data.total_reply}}</text>
            < div>
                < text class = "title">昨日</text>
                < text class = "data">▲</text>
                < text class = "incre_data">{{data.incr_reply}}</text>
            </div>
        </div>
        <div class = " column" style = " border - color: {{ color3 }}" onclick =
            "sendMessageEvent3">
            < text class = "title">弹幕数</text>
            < text class = "data">{{data.total_dm}}</text>
            < div>
                < text class = "title">昨日</text>
                < text class = "data">▲</text>
                < text class = "incre_data">{{data.incr_dm}}</text>
            </div>
        </div>
        <div class = " column" style = " border - color: {{ color4 }}" onclick =
            "sendMessageEvent4">
            < text class = "title">点赞数</text>
```

```
        < text class = "data">{{data.total_like}}</text >
        < div >
            < text class = "title">昨日</text >
            < text class = "data">▲</text >
            < text class = "incre_data">{{data.inc_like}}</text >
        </div >
    </div >
</div >
< div class = "row" >
    <div class = " column "  style = " border  -  color:  {{ color5 }}"  onclick =
      "sendMessageEvent5">
        < text class = "title">分享数</text >
        < text class = "data">{{data.total_share}}</text >
        < div >
            < text class = "title">昨日</text >
            < text class = "data">▲</text >
            < text class = "incre_data">{{data.inc_share}}</text >
        </div >
    </div >
    <div class = " column "  style = " border  -  color:  {{ color6 }}"  onclick =
      "sendMessageEvent6">
        < text class = "title">硬币数</text >
        < text class = "data">{{data.total_coin}}</text >
        < div >
            < text class = "title">昨日</text >
            < text class = "data">▲</text >
            < text class = "incre_data">{{data.inc_coin}}</text >
        </div >
    </div >
    <div class = " column "  style  = " border  -  color:  {{ color7 }}"  onclick =
      "sendMessageEvent7">
        < text class = "title">收藏数</text >
        < text class = "data">{{data.total_fav}}</text >
        < div >
            < text class = "title">昨日</text >
            < text class = "data">▲</text >
            < text class = "incre_data">{{data.inc_fav}}</text >
        </div >
    </div >
    <div class = " column "  style  = " border  -  color:  {{ color8 }}"  onclick =
      "sendMessageEvent8">
        < text class = "title">充电数</text >
        < text class = "data">{{data.total_elec}}</text >
        < div >
            < text class = "title">昨日</text >
            < text class = "data">▲</text >
            < text class = "incre_data">{{data.inc_elec}}</text >
        </div >
    </div >
</div >
```

```
        </div>
</div>
```

（3）以 slideshow 卡片为例，使用 swiper 滑动容器组件，相关代码如下。

```html
< swiper class = "card_root_layout" indicator = "true" autoplay = "true" interval = "10" loop =
"true" vertical = "true">
    < stack class = "stack - parent">
        < image src = "{{src0}}" class = "item_image"></image >
        < text class = "item_title">{{title0}}</text >
    </stack >
    < stack class = "stack - parent">
        < image src = "{{src1}}" class = "item_image">></image >
        < text class = "item_title">{{title1}}</text >
    </stack >
    < stack class = "stack - parent">
        < image src = "{{src2}}" class = "item_image">></image >
        < text class = "item_title">{{title2}}</text >
    </stack >
    < stack class = "stack - parent">
        < image src = "{{src3}}" class = "item_image">></image >
        < text class = "item_title">{{title3}}</text >
    </stack >
</swiper >
```

（4）以 fans 卡片为例，使用 stack 堆叠容器组件，相关代码如下。

```html
< div class = "card_root_layout" else >
        < div class = "div_left_container">
            < stack class = "stack - parent">
                < image src = "{{src}}" class = "image_src"></image >
                < image src = "{{vip}}" class = "image_vip"></image >
            </stack >
        </div >
        < text class = "item_title">{{follower}}</text >
    </div >
```

2. 单击事件路由设置

单击事件和路由分别在 HML 文件和 Json 文件中设置。

（1）在 HML 文件中对列表项目添加单击事件。

```html
< div class = "div" onclick = "sendRouteEvent">
```

（2）在 Json 文件中设置单击跳转的路由界面及携带的参数。

```json
"actions": {
    "sendRouteEvent": {
        "action": "router",
        "bundleName": "com.liangzili.demos",
        "abilityName": "com.liangzili.demos.Video",
        "params": {
            "url": "{{ $ item.short_url}}",
```

```
            "index": "{{ $ idx}}"
        }
    }
}
```

3. 示例界面

TV 卡片布局设计的完整代码见本书配套资源"文件 40"。

文件 40

12.3.2　Java 数据处理

本部分包括主界面、偏好型数据库类定义、联网获取对应卡片 API 数据、解析 Json、获取 JavaScript 卡片所需数据、设计跳转界面及实现卡片间联动更新。

1. 主界面

启动 webview，调取哔哩哔哩主界面链接，并通过 scheme 链接跳转到官方客户端，声明偏好型数据库实例读取保存 cookie，相关代码见本书配套资源"文件 41"。

文件 41

2. 偏好型数据库类定义

通过偏好型数据库实例读取/保存 map 和 cookie 数据，相关代码见本书配套资源"文件 42"。

3. 联网获取对应卡片 API 数据

API 数据需要联网获取，具体步骤如下。

文件 42

（1）在 config.json 文件中配置联网权限。

```
"reqPermissions": [
    {
        "name": "ohos.permission.INTERNET"
    },
```

（2）在 build.gradle 文件中添加所需要的依赖包。

```
dependencies {
    implementation fileTree(dir: 'libs', include: ['*.jar', '*.har'])
    testImplementation 'junit:junit:4.13'
    ohosTestImplementation 'com.huawei.ohos.testkit:runner:1.0.0.200'
    implementation 'com.zzrv5.zzrhttp:ZZRHttp:1.0.1'
    implementation group: 'com.alibaba', name: 'fastjson', version: '1.2.29'
}
```

（3）在卡片控制器中进行网络访问，获取数据。

```
public void update(long formId){
        HiLog.info(TAG, "update");
        String vmid = PreferenceDataBase.getVmid(context);
        //type = 1:番剧、type = 2:电影
        String url = "https://api.bilibili.com/x/space/bangumi/follow/list? type = 2&pn =
        1&ps = 16&vmid = " + vmid;
        Map < String, String > paramsMap = new HashMap < String,String >();
//数据采用的哈希表结构
        Map < String, String > headerMap = new HashMap < String,String >();
//数据采用的哈希表结构
```

```
//从数据库中提取 SESSDATA
        headerMap.put("Cookie", "SESSDATA = " + PreferenceDataBase.getSessData(context));
    //给 map 中添加元素
        //发起 get 请求
        ZZRHttp.get(url,paramsMap,headerMap,new ZZRCallBack.CallBackString() {
            @Override
            public void onFailure(int i, String s) {
                HiLog.info(TAG, "API 返回失败");
            }
            @Override
            public void onResponse(String s) {
                HiLog.info(TAG, "API 返回成功");
            }
}
```

4. 解析 Json、获取 JavaScript 卡片所需数据

文件 43

请求到的数据为 Json 格式,为了得到 JavaScript 卡片界面中所使用的数据,需要对上述获取到的数据进行解析。相关代码见本书配套资源"文件 43"。

5. 设计跳转界面

单击卡片需要跳转到指定的视频,可以通过解析 API 获取的 URL 链接获取到对应视频的 BV 号,跳转到客户端指定界面。

```
public class VideoSlice extends AbilitySlice {
        private static final HiLogLabel TAG = new HiLogLabel(HiLog.DEBUG, 0x0,
AbilitySlice.class.getName());
        @Override
        public void onStart(Intent intent) {
            super.onStart(intent);
            super.setUIContent(ResourceTable.Layout_ability_video);
            Text text = (Text) findComponentById(ResourceTable.Id_text);
            text.setText("界面跳转中");
            //随机图片数组
            int[] resource = { ResourceTable.Media_36e, ResourceTable.Media_36g,
ResourceTable.Media_36h,ResourceTable.Media_38p};
            Component component = findComponentById(ResourceTable.Id_image);
            if (component instanceof Image) {
                Image image = (Image) component;
                image.setPixelMap(resource[(int)(Math.random() * 3)]); //随机显示一张图片
            }
            String url = "https://m.bilibili.com";
            String param = intent.getStringParam("params");    //从 intent 中获取跳转事件
                                                //定义 params 字段的值
            if(param != null){
                ZSONObject data = ZSONObject.stringToZSON(param);
                url = data.getString("url");
                String regex = "BV.*$";
                Pattern pattern = Pattern.compile(regex);
                Matcher m = pattern.matcher(url);    //正则获取 BV 号
```

```
            if (m.find()) {
                url = m.group(0);
                url = "bilibili://video/" + url;
            } else {
                webview(url);
            }
        }
        Intent intent1 = new Intent();
        Operation operation = new Intent.OperationBuilder()
                .withUri(Uri.parse(url))
                .build();
        intent1.setOperation(operation);
        startAbility(intent1);    //通过 scheme 链接跳转到官方客户端
        //webview(url);
    }
    //启动 webview
    public void webview(String url){
        WebView webView = (WebView) findComponentById(ResourceTable.Id_webview);
        webView.getWebConfig().setJavaScriptPermit(true);    //如果网页需要使用
                                                             //JavaScript,增加此行
//url = url.replace("www","m");
//www 会跳转浏览器或 Bilibili,m 直接在 webview 中打开
        webView.load(url);
    }
```

6. 实现卡片间联动更新

UP 主数据一个卡片内无法容纳,通过两个卡片联动,可以实现不同数据的显示与查看,具体步骤如下。

(1)卡片数据联动需要创建对象关系映射数据库类及存储的卡片数据类。

(2)对主动卡片所需部分设置单击更新事件。

(3)更新主动和被动卡片显示情况。

相关代码见本书配套资源"文件 44"。

文件 44

12.4　成果展示

打开 App,应用初始界面如图 12-6 所示;单击右上角登录,输入手机号和验证码登录哔哩哔哩账号,如图 12-7 所示;登录完成后退出主界面,长按或上划呼出服务卡片,通过滑动可以浏览选择不同种类的服务卡片,如图 12-8 所示;选择一个卡片固定在桌面,可以通过上下滑动浏览内容,如图 12-9 所示;单击卡片上的视频,可以跳转到客户端接续上次观看进度,直接播放视频如图 12-10 所示;通过单击卡片的不同数据,可以观察到卡片联动更新,如图 12-11 所示。

图 12-6　应用初始界面　　　　图 12-7　登录界面　　　　图 12-8　卡片浏览界面

图 12-9　卡片界面　　　　图 12-10　视频播放界面　　　　图 12-11　卡片数据联动更新

项目 13

搜 索 引 擎

本项目通过鸿蒙系统开发工具 DevEco Studio，基于 Java 和 XML 仿照 Via 浏览界面开发一款简易浏览器 App，实现网页搜索、历史记录查询和书签分类的功能。

13.1 总体设计

本部分包括系统架构和系统流程。

13.1.1 系统架构

系统架构如图 13-1 所示。

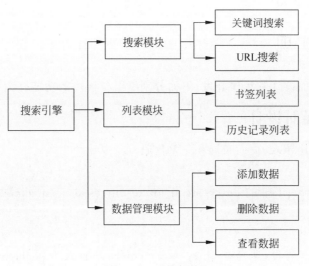

图 13-1 系统架构

13.1.2 系统流程

系统流程如图 13-2 所示。

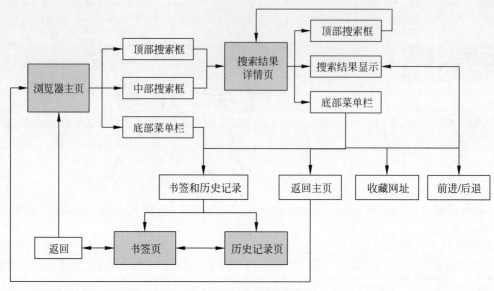

图 13-2　系统流程

13.2　开发工具

本项目使用 DevEco Studio 2.1.0.501 版本进行开发。

13.3　开发实现

本项目包括界面设计和程序开发,下面分别给出各模块的功能介绍及相关代码。

13.3.1　界面设计

本部分包括图片导入、页面布局和完整代码。

1. 图片导入

将图标导入 project 中的 entry/src/main/resources/base/media 文件夹下,如图 13-3 所示。

2. 界面布局

采用 XML 语言编写,保存在 entry/src/main/resources/base/layout 文件夹下。主页布局为 ability_main.xml,搜索结果页布局为 search_result.xml,书签收藏/历史记录/下载页布局为 list.xml。为将此界面做成标签切换效果,分标签子布局 list_collect.xml、list_history.xml 和 list_download.xml,listitems.xml 作为列表元素。另外一些提示框小界面,用于提示是否移除列表元素的界面为 emove_dialog.xml,提示是否添加收藏的界面为 collect_dialog.xml,菜单栏小界面为 others_dialog.xml。存放在 entry/src/main/

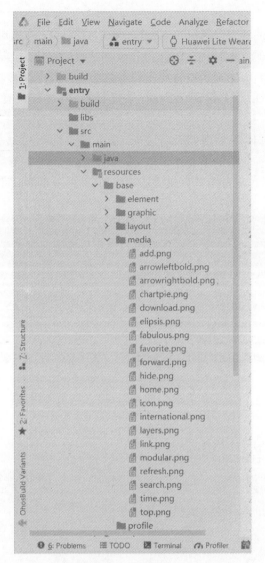

图 13-3　图片导入

resources/base/graphic 目录下的零件美化文件如下：background_ability_main. xml、
background_text_field. xml 和 table_text_bg_element. xml。

3. 完整代码

界面设计完整代码见本书配套资源"文件 45"。

13.3.2　程序开发

本部分包括主要功能、搜索结果、切换效果、关系型数据库和完整代码。

文件 45

1. 主要功能

该程序由 3 个 Slice 和 2 个 Ability 搭建。其中 3 个 Slice 分别对应主页、搜索详情页和列表页。2 个 Ability 分别为显示的 PageAbility 和数据库存储的 DataAbility。

该程序有搜索功能、历史记录查看功能和书签功能。其中搜索功能由主页 Slice 传参，在搜索详情页进行 URL 和关键词的判断，并进行跳转，在记录详情页也可以直接进行搜索。

历史记录在搜索页使用数据库自行记录，在列表页的历史部分可以进行查看、单击跳转。

书签在搜索页可通过底部菜单栏按键进行添加，在列表页的收藏部分可以进行查看、单击跳转。

2. 搜索结果

主页使用按键将 Textfield 文本输入框中的内容传参到搜索结果界面。

```java
public void tosearch(TextField textField){
    String content = textField.getText();
    Intent intent = new Intent();
    intent.setParam("content",content);
    intent.setParam("mainto",0);
    this.present(new SearchSlice(),intent);
}
```

在搜索结果界面进行 URL 和关键词的判断，搜索结果使用 webview 组件进行显示。

```java
if(content!= null){
    if(urlValid(content)||link == 1){
        System.out.println("是 url");
        url = content;
    }else{
        System.out.println("不是 url");
        url = "https://m.baidu.com/s?ie = UTF - 8&word = " + content;
    }
    webview.load(url);
    System.out.println("加载界面成功");
    gethistorylist(webview.getTitle(),webview.getFirstRequestUrl());
}
```

URL 的判断采用正则表达式。

```java
private boolean urlValid(String url) {
    return url.matches("^((https|http|ftp|rtsp|mms)?://)" //https、http、ftp、rtsp、mms
            + "?(([0 - 9a - z_!～* '().& = + $ % - ] + : )?[0 - 9a - z_!～* '().& = + $ % - ] + @)?" //ftp 的 user@
            + "(([0 - 9]{1,3}\\.){3}[0 - 9]{1,3}"//IP 形式的 URL - 例如:199.194.52.184
            + "|" //允许 IP 和 DOMAIN(域名)
```

```
        + "([0-9a-z_!~*'()-]+\\.)*" //域名- www.
        + "([0-9a-z][0-9a-z-]{0,61})?[0-9a-z]\\." //二级域名
        + "[a-z]{2,6})" //first level domain- .com or .museum
        + "(:[0-9]{1,5})?" //端口号最大为 65535,5 位数
        + "((/?)|" //a slash isn't required if there is no file name
        + "(/[0-9a-z_!~*'().;?:@&=+$,%#-]+)+/?)$");
}
```

实现 webview 显示,在 config.json 中配置网络。

```
"reqPermissions": [
    {
        "name": "ohos.permission.INTERNET"
    }]
```

初始化相关代码如下。

```
WebView webview = (WebView) findComponentById(ResourceTable.Id_webview);
webview.getWebConfig().setJavaScriptPermit(true);
```

webview 打开时会默认跳转系统浏览器,使用以下代码阻止浏览器跳转。

```
webview.setWebAgent(new WebAgent(){
    @Override
    public boolean isNeedLoadUrl(WebView webView, ResourceRequest request) {
        return super.isNeedLoadUrl(webView, request);
    }
});
```

加载 URL 地址代码如下。

```
webview.load(url);
```

3. 切换效果

书签历史下载界面的切换采用 Tablist 组件,在 onStart 函数中进行初始化。

```
tablist = (TabList)findComponentById(ResourceTable.Id_tablist);
        Button returnback = (Button) findComponentById(ResourceTable.Id_returnback);
        String[] tabtexts = {"书签","历史","下载"};
        if(tablist.getTabCount() == 0){
            for(int i = 0; i < tabtexts.length; i++){
                TabList.Tab tab = tablist.new Tab(this);
                tab.setText(tabtexts[i]);
                tablist.addTab(tab);
                if(i == titleid){
                    tab.select();                //默认选择当前 tab
                    DirectionalLayout contentlayout = (DirectionalLayout) findComponentById
(ResourceTable.Id_contentlayout);
                    if(titleid == 0){
                        DirectionalLayout collect = (DirectionalLayout) LayoutScatter.
                        getInstance(this).parse(ResourceTable.Layout_list_collect, null,
```

```
                                 false);
                                 contentlayout.addComponent(collect);
                                 System.out.println("书签");
                         }
                         else if(titleid == 1){
                                 DirectionalLayout history =  ( DirectionalLayout ) LayoutScatter.
getInstance(this).parse(ResourceTable.Layout_list_history, null, false);
                                 contentlayout.addComponent(history);
                                 System.out.println("历史");
//query("history");
                         }
                         else if(titleid == 2){
                                  DirectionalLayout download = (DirectionalLayout) LayoutScatter.
getInstance(this).parse(ResourceTable.Layout_list_download, null, false);
                                 contentlayout.addComponent(download);
                                 System.out.println("下载");
                         }
                 }
             }
         }
```

在 onSelected 函数中选择切换，只对其中一部分的布局进行替换即可。

```
public void onSelected(TabList.Tab tab) {
    int position = tab.getPosition();
    DirectionalLayout contentlayout = (DirectionalLayout) findComponentById(ResourceTable.
Id_contentlayout);
    contentlayout.removeAllComponents();
    if(position == 0){
        DirectionalLayout collect = (DirectionalLayout) LayoutScatter.getInstance(this).
parse(ResourceTable.Layout_list_collect, null, false);
        contentlayout.addComponent(collect);
        System.out.println("书签");
        query("collect");
    }
    else if(position == 1){
        DirectionalLayout history = (DirectionalLayout) LayoutScatter.getInstance(this).
parse(ResourceTable.Layout_list_history, null, false);
        contentlayout.addComponent(history);
        System.out.println("历史");
        query("history");
    }
    else if(position == 2){
        DirectionalLayout download = (DirectionalLayout) LayoutScatter.getInstance(this).
parse(ResourceTable.Layout_list_download, null, false);
        contentlayout.addComponent(download);
        System.out.println("下载");
    }
```

```
}
```

4．关系型数据库

Harmony OS 提供的数据管理服务主要有四种：关系型数据库（RDB）、对象关系映射数据库（ORM）、轻量级数据存储和分布式数据服务。相关代码见本书配套资源"文件 46"。

文件 46

5．完整代码

完整开发代码见本书配套资源"文件 47"。

文件 47

13.4　成果展示

打开 App，应用初始界面如图 13-4 所示；向中间或顶部搜索框键入关键词或链接，跳转到搜索结果界面，如图 13-5 所示。

图 13-4　应用初始界面

图 13-5　搜索结果界面

在搜索页上端的搜索栏中键入关键词或链接，也可进行搜索，如图 13-6 所示。

单击菜单栏的爱心图标，弹出提示框，选择是否加入收藏，如图 13-7 所示；点开菜单栏的其他按键，进入书签/历史/下载界面，可以查看相关内容，如图 13-8 所示。

长按可对数据进行删除，如图 13-9 所示；单击相应链接可跳转到对应界面。单击菜单栏左右按键可切换前后界面，单击菜单栏小房子可跳转回到主页，如图 13-10 所示。

图 13-6　上端搜索结果界面

图 13-7　添加收藏界面

图 13-8　查看书签/历史界面

图 13-9　删除功能界面

图 13-10 其他功能界面

项目 14

微 博 搬 运

本项目通过鸿蒙系统 DevEco Studio 和 Python 开发工具 PyCharm,基于 Java 开发前端和 Python 开发后端,实现全自动爬取微博消息以及在 App 上显示内容的自动微博搬运功能。

14.1　总体设计

本部分包括系统架构和系统流程。

14.1.1　系统架构

系统架构如图 14-1 所示。

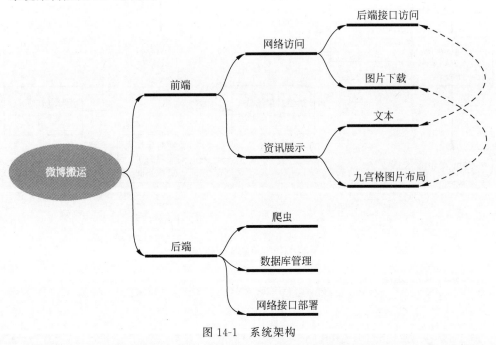

图 14-1　系统架构

14.1.2 系统流程

前端系统流程如图 14-2 所示。

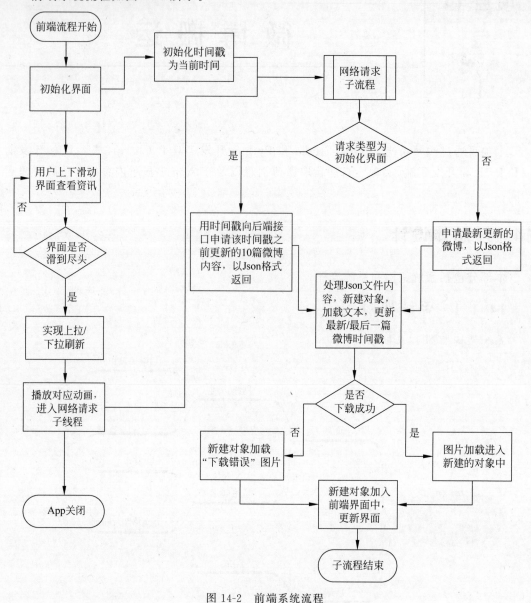

图 14-2 前端系统流程

后端系统流程如图 14-3 所示。

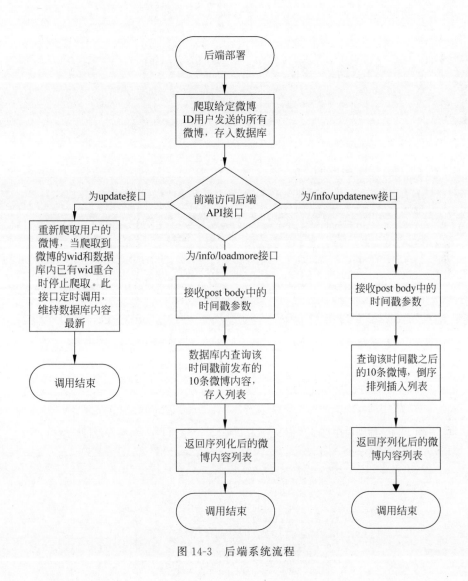

图 14-3　后端系统流程

14.2　开发工具

　　本项目前端使用 DevEco Studio 开发工具,前端应用目录结构如图 14-4 所示,后端开发目录结构如图 14-5 所示,外部库与 SDK 版本如图 14-6 所示。

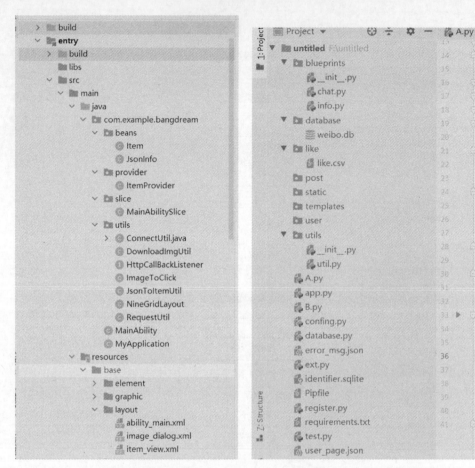

图 14-4　前端应用目录结构　　　　　图 14-5　后端开发目录结构

图 14-6　外部库与 SDK 版本

14.3　开发实现

本项目分为前端与后端,前端包括组件、访问界面;后端包括爬虫、数据库、API 接口。

14.3.1　前端开发

前端开发包括工具界面设计、组件开发和界面开发。新建 utils 包用于存放开发过程中所使用的各种工具。

1. 工具界面设计

工具界面设计步骤如下。

(1) 实现一个能发送 http 请求的 RequestUtil 工具类,存放于 utils 包中,该类实现一个私有的静态方法 sendRequest,能够向指定的 URL 发送请求,并返回 String 类型的结果,在网络访问异常时返回 null 结果。

(2) 将 sendRequest 方法封装成 sendGetRequest、sendPostRequestWithData 和 sendPostRequest 三种方法。

```
public static String sendPostRequestWithData(String myURL,String data){
        return sendRequest(myURL,"POST",data);
    }
```

(3) 实现能够将图片链接中的内容下载并加载到 Image 组件中的工具类 DownloadImgUtil。其中,包括静态方法 DownloadImg、传入图片的 URL 和图片绘制到对应的 Image 组件,最终实现在界面上显示该图片。

实现方法为建立 http 链接后将输入流解码成图片,使用 pixelMap 绘制到 Image 组件上。如果图片加载或者解码出现错误,则会加载储存的错误图片。

```
public static void DownloadImg (Context context,String imgUrl, Image img){
        TaskDispatcher globalTaskDispatcher = context.getGlobalTaskDispatcher
(TaskPriority.DEFAULT);
        globalTaskDispatcher.asyncDispatch(()->{
            HttpURLConnection connection = null;
            try {
                URL url = new URL(imgUrl);
                connection = (HttpURLConnection) url.openConnection();
                InputStream inputStream = connection.getInputStream();
                //通过输入流生成图片缓存
                ImageSource imageSource = ImageSource.create(inputStream,new ImageSource.
SourceOptions());
                ImageSource.DecodingOptions decodingOptions = new ImageSource.DecodingOptions();
                //设置图片解码
                decodingOptions.desiredPixelFormat = PixelFormat.ARGB_8888;
                PixelMap pixelMap = imageSource.createPixelmap(decodingOptions);
                context.getUITaskDispatcher().asyncDispatch(()->{
```

```
                img.setPixelMap(pixelMap);
                pixelMap.release();
            });
        }catch (IOException e){
            e.printStackTrace();
            //图片加载失败加载对应错误图片
            context.getUITaskDispatcher().asyncDispatch(()->{

                img.setPixelMap(com.example.bangdream.ResourceTable.Media_failed_to_load);
            });
        }catch (SourceDataIncompleteException e){
            e.printStackTrace();
            //图片加载失败加载对应错误图片
            context.getUITaskDispatcher().asyncDispatch(()->{

                img.setPixelMap(com.example.bangdream.ResourceTable.Media_failed_to_load);
            });
        }
    });
}
```

（4）实现 ConnectUtil 工具类，保存在 utils 包内。该工具用于与后端接口互相通信，传入时间戳字符串，开启一个子线程进行 http 访问，接收到后端 API 返回值的 Json 文件后执行回调函数用于更新界面。loadMore 和 updateNew 方法只有 API 地址不同。

使用子线程的原因是鸿蒙不允许 http 访问这种耗时行为在主线程中进行，需要单独使用一个线程。

```
public static void loadMore(Context context, String time, HttpCallBackListener listener){
    Gson gson = new Gson();
    String url = host + ":" + port + "/info/loadmore";
    RequestData requestData = new RequestData(time);
    String data = gson.toJson(requestData);
    System.out.println(data);
    TaskDispatcher taskDispatcher = context.getGlobalTaskDispatcher(TaskPriority.DEFAULT);
    taskDispatcher.asyncDispatch(()->{
        String res = RequestUtil.sendPostRequestWithData(url,data);
        HiLog.info(LABEL, "%{public}s", res);
        listener.onFinish(res);
    });
}
```

（5）由于上文中的方法在 http 访问结束后需要调用回调函数，因此新建一个回调函数接口 HttpCallBackListener 作形参，相关代码如下。

```
public interface HttpCallBackListener {
    void onFinish(String response);
}
```

2. 组件开发
组件开发包含两部分：一是实现一个可以单击查看大图的 ImageToClick 类，二是实现传入多个链接并将其加载为九宫格图片布局的 NineGridLayout 类。

（1）ImageToClick 类中包含 Image 字段用于存放要展示的图片组件，String 字段用于存放图片的 URL 链接。初始化时作为参数传入，将图片内容加载进 Image 组件中，相关代码如下。

```
public ImageToClick(Context context, String webSource, Image img) {
        this.context = context;
        this.webSource = webSource;
        this.img = img;
        DownloadImgUtil.DownloadImg(context, webSource, img);
        img.setClickedListener(this::onClick);
}
```

（2）为实现单击查看大图效果，选择使用 dialog，即单击图片后产生一个覆盖全屏的弹窗，包含全尺寸图片，再次单击销毁弹窗后，实现单击图片即可查看大图。给 Image 对象添加 ClickedListener 回调函数，并重写 onClicked 方法，相关代码如下。

```
@Override
    public void onClick(Component component) {
        //初始化 dialog
        CommonDialog cd = new CommonDialog(context);
        cd.setAutoClosable(true);
        DirectionalLayout dl = (DirectionalLayout) LayoutScatter.getInstance(context).
parse(ResourceTable.Layout_image_dialog, null, false);
        Image img2 = dl.findComponentById(ResourceTable.Id_image_to_show);
        //设置 dialog 单击事件，实现再次单击关闭大图
        Component.ClickedListener clickedListener = new Component.ClickedListener() {
            @Override
            public void onClick(Component component) {
                cd.destroy();
            }
        };
        img2.setClickedListener(clickedListener);
        DownloadImgUtil.DownloadImg(context, webSource, img2);
        cd.setContentCustomComponent(dl);
        cd.show();
    }
```

（3）使用鸿蒙自带的 TableLayout 布局样式，将多个图片依次加入布局中即可。为了实现九宫格布局的样式，按照图片的个数分别设置每行每列有多少张图片，并能够自动计算图片的大小。该类继承自鸿蒙的 Component 类，因此可以直接调用组件的一些方法，达成代码复用。

类初始化时传入图片链接数组，实现后端接口通信。下面的函数为该类的主要逻辑，TL 为该类的 TableLayout 字段实例化对象。

```
public void active(){
        if(imgUrls == null)return;
        if(imgUrls.isEmpty())return;
```

```
int imgNum = imgUrls.size();
    if(imgNum <= 3){
        tl.setColumnCount(imgNum);
        tl.setRowCount(1);
        imgWidth = width/imgNum;
        System.out.println(width);
    }
    else if(imgNum == 4){
        tl.setColumnCount(2);
        tl.setRowCount(2);
        imgWidth = width/2;
    }
    else {
        tl.setColumnCount(3);
        tl.setRowCount((imgNum + 2)/3);
        imgWidth = width/3;
    }
    imgHeight = imgWidth;
    //将每个 image 都加入 TabelLayout 对象中
    for(String url:imgUrls){
        Image img = new Image(context);
        img.setWidth(imgWidth);
        img.setHeight(imgHeight);
        img.setMarginsLeftAndRight(5,5);
        img.setMarginsTopAndBottom(5,5);
        System.out.println(imgWidth);
        img.setScaleMode(Image.ScaleMode.CLIP_CENTER);
        ImageToClick imgToClick = new ImageToClick(context, url, img);
        tl.addComponent(img);
        imgToClick.active();
    }
}
```

3. 界面开发

实现类似微博中图片和文字组成的内容,通过滑动的列表承载,同时实现下拉和上滑刷新。因此,选用鸿蒙的 ListContainer 实现列并使用第三方库 ZrefreshView 实现刷新动画效果。

(1) 确定要展示的内容是文本和图片,因此建立一个 item 的 JavaBean 类存储文本内容和图片链接,以下为字段。

```
private String text;
private ArrayList<String> urls;
```

(2) 设计 ListContainer 中 item 的布局,使用 XML 文件设置布局。内部放置 text 文本和一个 TableLayout 用于九宫格图片布局。使用一个自定义图片作为背景,XML 文件的相关代码如下。

```
<?xml version = "1.0" encoding = "utf - 8"?>
<DirectionalLayout
```

```
      xmlns:ohos = "http://schemas.huawei.com/res/ohos"
      ohos:top_margin = "10vp"
      ohos:height = "match_content"
      ohos:width = "1150px"
      ohos:background_element = " $ media:back"
      ohos:focus_border_radius = "50px"
      ohos:orientation = "vertical">
      < Text
          ohos:top_margin = "3px"
          ohos:layout_alignment = "horizontal_center"
          ohos:id = " $ + id:blog_info"
          ohos:height = "match_content"
          ohos:width = "1100px"
          ohos:multiple_lines = "true"
          ohos:max_text_lines = "10"
          ohos:text_size = "18fp"/>
      < TableLayout
          ohos:layout_alignment = "horizontal_center"
          ohos:top_margin = "10vp"
          ohos:height = "match_content"
          ohos:width = "1150px"
          ohos:id = " $ + id:tl"
          ohos:bottom_margin = "10vp"/>
</DirectionalLayout >
```

（3）查阅 ListContainer 文档可知,若通过 item 列表更新界面,需要 ItemProvider 类用于提供 item 对象列表及对界面要展示的内容进行修改,并重写 getComponent 方法,此方法会加载前面的布局文件并对其内容进行修改,最后返回内容,调用 ListContainer 组件展示在界面,getComponent 方法如下。

```
@Override
      public Component getComponent ( int  i,  Component  component,  ComponentContainer
componentContainer) {
      DirectionalLayout dl;
      dl = (DirectionalLayout) LayoutScatter.getInstance(as).parse(ResourceTable.Layout_
item_view, null, false);
      Item item = itemArrayList.get(i);
      Text text = (Text) dl.findComponentById(ResourceTable.Id_blog_info);
      text.setMultipleLine(true);
      text.setText(item.getText());
      HiLog.info(LABEL," % {public}s",item.getText());
      NineGridLayout nineGridLayout = new NineGridLayout(as);
      nineGridLayout.setTl(dl.findComponentById(ResourceTable.Id_tl));
      nineGridLayout.setImgUrls(item.getUrls());
      nineGridLayout.active();
      return dl;
  }
```

（4）实现刷新功能。由于主页面的布局 XML 文件中添加 ZrefreshView 组件,在屏幕滑动到顶端或者低端时将会出现刷新动画,以及自动调用 setLoadMoreListener 中设置的回调函数,在这个函数中进行一系列的操作。具体来说,是对后端接口进行访问,获取到微博信息列表后,将其转换为数组,并依次加入 ItemProvider 的 item 列表中,最后调用鸿蒙自带的 notifyDataChanged()方法,将新加入的 item 更新到界面中。这里实例化一个 HttpCallBackListener 接口并重写 onFinish 方法。

由于下拉和上滑刷新的逻辑结构类似,此处仅展示其中一个代码。

```
zRefreshView.setLoadMoreListener(new ZRefreshView.LoadMoreListener() {
        @Override
        public void onLoadMore() {
            TaskDispatcher taskDispatcher = getUITaskDispatcher();
            HttpCallBackListener httpCallBackListener = new HttpCallBackListener() {
                @Override
                public void onFinish(String response) {
                    taskDispatcher.asyncDispatch(() ->{
                        ArrayList < Item > items = new ArrayList < Item >();
                        items = JsonToItemUtil.jsonToItem(response,0);
                        for(Item i :items){
                            ipp.addItem(i);
                        }
                        ipp.notifyDataChanged();
                        zRefreshView.finishLoadMore();
                        return;
                    });
                }
            };

ConnectUtil.loadMore(getContext(),JsonToItemUtil.getTimeToLoad(),httpCallBackListener);
        }
    });
```

(5) initView 函数为初始化界面函数,用于打开 App 时,向后端进行通信并更新内容,与下拉上滑刷新代码类似,此处不再展示。initRefreshView 即为上文中重写下拉上滑逻辑的函数。

```
@Override
    public void onStart(Intent intent) {
        super.onStart(intent);
        super.setUIContent(ResourceTable.Layout_ability_main);
        //获取 ListContainer 对象
        list = (ListContainer) findComponentById(ResourceTable.Id_listcontainer);
        //初始化,获取当前时间
        Date currentTime = new Date();
        SimpleDateFormat formatter = new SimpleDateFormat("yyyy - MM - dd HH:mm:ss");
        String dateString = formatter.format(currentTime);
        JsonToItemUtil.timeToUpdate = dateString;
        //初始化 ItemProvider
        ArrayList < Item > ls = new ArrayList < Item >();
        ipp = new ItemProvider(ls,this);
        list.setItemProvider(ipp);
        System.out.println(dateString);
```

```
//初始化界面
initView();
//初始化刷新视图对象
ZRefreshView zRefreshView = findComponentById(ResourceTable.Id_refreshLayout);
initRefreshView(zRefreshView);
}
```

14.3.2　后端开发

本部分包括数据库、爬虫及接口,使用 Python 的 flask 框架进行实现,最后部署在云端。

1. 数据库

本项目使用 sqlalchemy 库对各字段声明即可,初次使用时自动生成 sqlite 数据库文件。Weibo 表中有微博 ID、正文、图片链接、发布时间等字段。其中微博 ID 用于确定爬取到的内容是否已经存入数据库,并用于去重,初次运行后建立的数据库结构如图 14-7 所示。

```python
# 数据库 orm 模型
class Weibo(db.Model):
    __tablename__ = 'weibo'
    __table_args__ = {'comment': '微博爬虫内容'}
    id = db.Column(db.Integer, primary_key = True, comment = 'ID')
    wid = db.Column(db.String(200), nullable = False, comment = '微博 ID')
    content = db.Column(db.String(200), comment = '正文')
    publish_time = db.Column(db.DateTime, nullable = False, comment = '发布时间')
    image_urls = db.Column(db.String(300), nullable = False, comment = '图片链接')
    def to_dict(self):
        return {c.name: getattr(self, c.name, None) for c in self.__table__.columns}
```

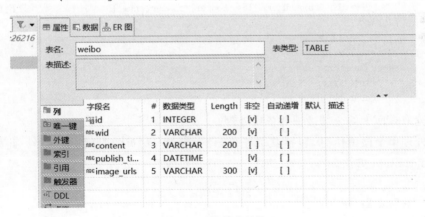

图 14-7　数据库结构

2. 爬虫部分

爬取 weibo.cn 站点,通过获取网页的全部信息进行处理,按页爬取给定用户的全部微博,并在爬取一定数量的微博后存入数据库即可。爬取时会记录当前页数,以防重复爬取。但是在设置 update 值为 1 后,每次爬取都将从微博首页开始,直至爬取到最新发布的微博。

（1）将接收到的 HTML 进行处理，相关代码如下。

```python
def get_one_weibo(self, info):
    """获取一条微博的全部信息"""
    try:
        weibo = OrderedDict()
        is_original = self.is_original(info)
        if (not self.filter) or is_original:
            weibo['id'] = info.xpath('@id')[0][2:]
            weibo['link'] = 'https://weibo.cn/comment/{}?uid = {}&rl = 0 # cmtfrm'.format
(weibo['id'], self.user_id)
            weibo['content'] = self.get_weibo_content(info,
                                        is_original)          # 微博内容
            picture_urls = self.get_picture_urls(info, is_original)
            weibo['original_pictures'] = picture_urls[
                'original_pictures']                          # 原创图片 URL
            if not self.filter:
                weibo['retweet_pictures'] = picture_urls[
                    'retweet_pictures']                       # 转发图片 URL
                weibo['original'] = is_original               # 是否原创微博
            weibo['publish_place'] = self.get_publish_place(info)
                                                              # 微博发布位置
            weibo['publish_time'] = self.get_publish_time(info)
                                                              # 微博发布时间
            weibo['publish_tool'] = self.get_publish_tool(info)
                                                              # 微博发布工具
            footer = self.get_weibo_footer(info)
            weibo['up_num'] = footer['up_num']                # 微博点赞数
            weibo['retweet_num'] = footer['retweet_num']      # 转发数
            weibo['comment_num'] = footer['comment_num']      # 评论数
        else:
            weibo = None
        return weibo
    except Exception as e:
        print('Error: ', e)
        traceback.print_exc()
```

（2）读取界面上的全部微博并依次处理。

（3）处理单个微博信息，包括获取正文、图片链接、发布的时间、地点等。此处仅展示 get_weibo_content 方法。

```python
def get_weibo_content(self, info, is_original):
    """获取微博内容"""
    try:
        weibo_id = info.xpath('@id')[0][2:]
        if is_original:
            weibo_content = self.get_original_weibo(info, weibo_id)
        else:
            weibo_content = self.get_retweet(info, weibo_id)
        print(weibo_content)
```

```
        return weibo_content
    except Exception as e:
        print('Error: ', e)
        traceback.print_exc()
```

（4）将爬取的信息写入数据库。

```
def write_db(self, wrote_num):
    """将爬取的信息写入数据库"""
    try:
        result_data = [w for w in self.weibo][wrote_num:]
        print(result_data)
        for item in result_data:
            wid = item["id"]
            imgs = item["original_pictures"]
            print(item["publish_time"])
            time = datetime.strptime(item["publish_time"], "%Y-%m-%d %H:%M")
            content = item["content"]
            count = Weibo.query.filter(Weibo.wid == wid).count()
            if count > 0:
                self.done = True
                break
            #生成数据库的对象
            my_weibo = Weibo()
            my_weibo.wid = wid
            my_weibo.image_urls = imgs
            my_weibo.content = content
            my_weibo.publish_time = time
            #链接数据库加入内容并提交
            db.session.add(my_weibo)
            db.session.commit()
        print(u'%d 条微博写入 db 完毕:' % self.got_num)
    except Exception as e:
        print('Error: ', e)
        traceback.print_exc()
```

3. 接口部署

部署后端接口，每次根据请求 body 中的时间戳返回序列化的 weibo 内容列表。两接口
实现类似，此处仅展示 loadmore 接口。

```
@info.route('/loadmore', methods = ["POST","GET"])
def loadMore():
    '''加载给定时间戳以后的最多 10 条消息'''
    data = request.get_json()
    #生成时间对象
    time = data["time"]
    time_datatime = datetime.strptime(time, "%Y-%m-%d %H:%M:%S")
    #查询数据库
    tmp = Weibo.query.filter(Weibo.publish_time < time_datatime).order_by(Weibo.
publish_time.desc()).limit(10).all()
    print(tmp)
```

```
i = 0
print(tmp)
a = {}
for item in tmp:
    a[i] = item.to_dict()
    i = i + 1
print(a)
# 使用 DateEncoder 将时间对象转化为 Json
return json.dumps(a, ensure_ascii = False, cls = DateEncoder)
```

项目 15 归途旅游

本项目通过鸿蒙系统开发工具 DevEco Studio，基于 MySQL 和 Navicat 数据库管理工具，Visual Studio Code 编程平台，开发一款旅游 App，实现旅游推荐。

15.1 总体设计

本部分包括系统架构和系统流程。

15.1.1 系统架构

系统架构如图 15-1 所示。

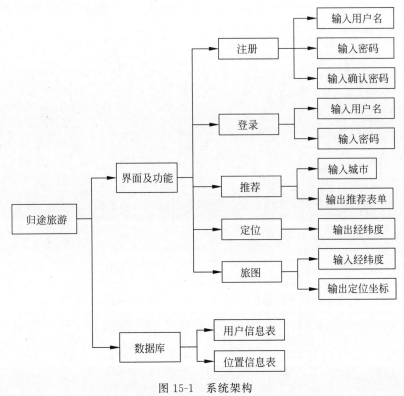

图 15-1 系统架构

15.1.2 系统流程

注册系统流程如图 15-2 所示；登录系统流程如图 15-3 所示；景点推荐系统流程如图 15-4 所示。

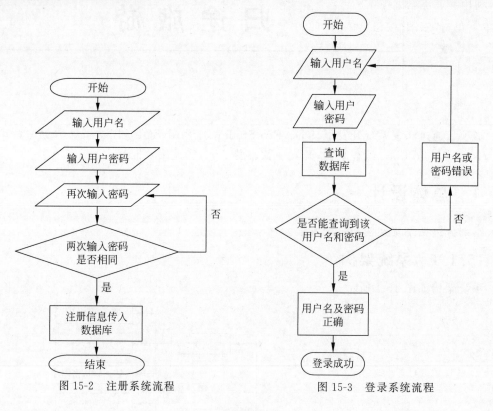

图 15-2 注册系统流程   图 15-3 登录系统流程

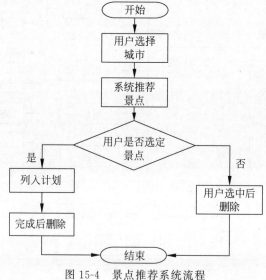

图 15-4 景点推荐系统流程

定位及旅图功能如图 15-5 所示。在用户主页的定位菜单下单击"定位"按钮,系统将获取实时经纬度并传入数据库的用户位置信息表中进行保存。若定位数据传输失败,则重新单击定位按钮进行再次定位;若传输成功,则跳转至旅图界面,系统查询用户的全部定位数据后,利用经纬度信息在旅图界面生成坐标进行展示。若用户想直接查看旅图,也可以在定位菜单下单击"旅图"按钮直接跳转至该界面。

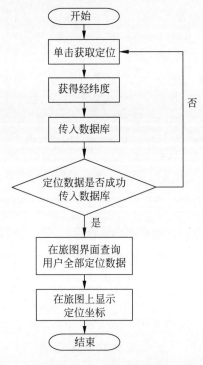

图 15-5　定位及旅图功能

15.2　开发工具

本项目使用 DevEco Studio 开发工具,安装过程如下。

(1) 注册开发者账号,完成注册并登录,在官网下载 DevEco Studio 并安装。

(2) 新建工程模板,选择 Empty Ability,填写项目名称,项目类型选择 Application,编程语言选择 JS,compatible API version 选择 SDK:API version 7。

(3) 创建后的应用目录结构如图 15-6 所示。

(4) 在 src/main/js 目录下进行归途旅游的应用开发。

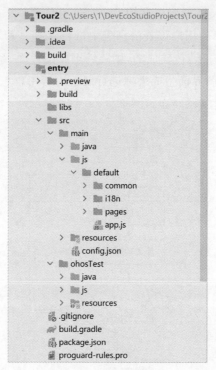

图 15-6　应用目录结构

15.3　开发实现

本项目主要包括界面设计、程序开发和数据库创建,下面分别给出各模块的功能介绍及相关代码。

15.3.1　界面设计

本部分包括图片导入、界面布局和完整代码。

1. 图片导入

将选择好的图片及图标导入 js/default/common/images 目录下,如图 15-7 所示。

2. 界面布局

归途旅游界面布局设计如下。

(1) 在 js/default/common/css 目录下,设计整体界面样式。

```
.container {
        flex-direction: column;
```

图 15-7　图片导入

```
        justify - content: center;
        align - items: center;
        width: 100 % ;
        height: 100 % ;
        background - image: url('/common/images/transparent.png');
        }
.page - title - wrap {
        padding - top: 30px;
        padding - bottom: 80px;
        justify - content: center;
        }
        .page - title{
        padding - top: 30px;
        padding - bottom: 30px;
        padding - left: 40px;
        padding - right: 40px;
        border - color: ♯0c7572;
        color: ♯0c7572;
        border - bottom - width: 2px;
        }
```

（2）在 js/default/pages/drawer 目录下，使用抽屉组件设计侧滑菜单，用具名插槽封装。

```
< div id = "drawer - container" class = "drawer - container" on:touchstart = "onTouchStart" on:
touchmove = "onTouchMove" on:touchend = "onTouchEnd">
    < div class = "drawer - content" style = "left:{{showStyle == 0? offsetLeft:0}}px; z -
index:{{zIndexContent}};" on:click = "closeMenu">
        <!-- 具名插槽,根据名称加入对应的插槽中 -->
        < slot name = "content"></slot >
    </div >
    < stack class = "drawer - menu" style = "z - index:{{zIndexMenu}};">
        < div class = "drawer - menu - background" style = "opacity: {{menuBgOpacity}};"></div >
        < div style = "width:{{menuWidth}}px; height:100 % ;
                left:{{menuOffsetLeft}}px;" on:click = "clickMenu">
        <!-- 具名插槽,根据名称加入对应的插槽中 -->
            < slot name = "menu"></slot >
        </div >
    </stack >
</div >
```

（3）在 js/default/pages/home 目录下的 HML 界面中引入侧滑菜单。

```
< element name = 'drawer' src = '../drawer/drawer.hml'></element >
```

（4）设置搜索框。

```
< search class = "search" icon = "{{blackSearch}}" hint = "请输入搜索省市" searchbutton = "搜
索" @submit = "citySubmit" @search = "search"></search >
```

（5）使用< tabs >的子组件< tab-bar >,用于展示主界面的标签区,子组件的排列方式为横向排列。

```
< tab - bar class = "tabBar" mode = "scrollable">
        < div class = "tabBarItem" for = "datas.list">
            < text style = "color:{{ $ item.color}}">{{ $ item.title}}</text >
        </div >
</tab - bar >
```

（6）用 tab-content 实现单击 tab 标签切换界面内容，之后在同一目录下的 JS 文件中定义数组，设置属性。

```
< tab - content class = "tabContent" scrollable = "true">
    < div class = "item - container" for = "datas.list">
        < div if = "{{ $ item.title == '推荐'?true:false}}">
        </div >
        < div if = "{{ $ item.title == '动态'?true:false}}">
        </div >
        < div if = "{{ $ item.title == '定位'?true:false}}">
        </div >
    </div >
</tab - content >
```

（7）用 List-item 组件实现一个旅游推荐表单。

```
< list class = "tag - list">
    < list - item for = "{{ todoList }}" class = "todo - list - item">
        < div class = "todo - item flex - row">
            < image class = " todo - image" src = " {{  $ item. checkBtn }}" onclick =
"completeEvent({{ $ item.id }})"></image >
            < div class = "todo - text - wrapper">
                < div class = "todo - name - mark">
                    < text class = "todo - name {{ $ item.color }}">{{ $ item.event }}</text >
                    < text class = "todo - mark {{ $ item.tag }} {{ $ item.showTag }}"></text >
                </div >
            </div >
            < image class = "todo - image" src = "../../common/images/delete.png" onclick =
"deleteEvent({{ $ item.id }})" show = "{{ $ item.completeState }}"></image >
        </div >
    </list - item >
</list >
```

3. 完整代码

界面设计完整代码见本书配套资源"文件 48"。

文件 48

15.3.2　程序开发

本部分包括注册信息写入数据库、轻量级存储、主界面初始化、旅游推荐表单更新、获取定位信息并存入数据库、定位可视化（实现旅图界面）、申请网络/位置权限和后端代码。

1．注册信息写入数据库

当用户填写注册信息后，判断用户的信息填写是否符合逻辑，判为正确后进行数据库的信息写入。

2．轻量级存储

输入用户名和密码后，系统在数据库中查询信息是否存在，若存在则说明用户名及密码正确，登录成功后，利用轻量级存储将生成的 token 进行保存，以便后续使用。

3．主界面初始化

对推荐表单、用户定位、子页签标题等多个数据进行初始化设置。

4．旅游推荐表单更新

当用户输入搜索城市后，系统将更新该城市的旅游推荐表单。表单根据景点、人气，由高到低对应设置标识，用户可以选择将其加入旅游计划，在完成后删除。

5．获取定位信息并存入数据库

用 getCurrentLocation 函数获得实时定位经纬度后，将存储的 token（可解析为用户 ID）和定位获得的经纬度一起传入数据库进行保存。保存成功后，跳转至旅图界面。

6．定位可视化

在旅图界面，获取位置信息表中用户的所有定位信息，实现定位坐标可视化。

7．申请网络/位置权限

8．后端代码

程序开发步骤相关代码见本书配套资源"文件 49"。

文件 49

15.3.3　数据库创建

本部分包括数据库结构与数据表展示。

1．数据库结构

本部分包括用户信息表结构和位置信息表。

（1）用户信息表结构。如图 15-8 所示，在用户信息表中，主键用户 ID 设为自动递增的无符号数，用户名设为唯一。

```
SET NAMES utf8mb4;
SET FOREIGN_KEY_CHECKS = 0;

-- ----------------------------
-- Table structure for user_info
-- ----------------------------
DROP TABLE IF EXISTS `user_info`;
CREATE TABLE `user_info`  (
  `user_id` int UNSIGNED NOT NULL AUTO_INCREMENT COMMENT '账号ID',
  `user_name` varchar(255) CHARACTER SET utf8mb4 COLLATE utf8mb4_0900_ai_ci NOT NULL COMMENT '用户名',
  `user_code` varchar(255) CHARACTER SET utf8mb4 COLLATE utf8mb4_0900_ai_ci NOT NULL COMMENT '用户密码\r\n',
  `user_profile_picture` varchar(255) CHARACTER SET utf8mb4 COLLATE utf8mb4_0900_ai_ci NULL DEFAULT NULL COMMENT '用户头像\r\n',
  PRIMARY KEY (`user_id`) USING BTREE,
  UNIQUE INDEX `user_unique`(`user_name`) USING BTREE COMMENT '设置用户名唯一'
) ENGINE = InnoDB AUTO_INCREMENT = 33 CHARACTER SET = utf8mb4 COLLATE = utf8mb4_0900_ai_ci ROW_FORMAT = Dynamic;

SET FOREIGN_KEY_CHECKS = 1;
```

图 15-8　用户信息表结构（SQL）

（2）位置信息表。如图 15-9 所示，在位置信息表中，主键 ID 设置为自动递增的无符号数，用户 ID 引用用户信息表中的 user_id 字段，用户 ID 和经纬度整体设为唯一。

```
SET NAMES utf8mb4;
SET FOREIGN_KEY_CHECKS = 0;

-- ----------------------------
-- Table structure for location
-- ----------------------------
DROP TABLE IF EXISTS `location`;
CREATE TABLE `location` (
  `latitude` char(64) CHARACTER SET utf8mb4 COLLATE utf8mb4_0900_ai_ci NULL DEFAULT NULL COMMENT '纬度',
  `longitude` char(64) CHARACTER SET utf8mb4 COLLATE utf8mb4_0900_ai_ci NULL DEFAULT NULL COMMENT '精度',
  `user_id` int UNSIGNED NULL DEFAULT NULL,
  UNIQUE INDEX `fk_lat_lng_id`(`latitude`, `longitude`, `user_id`) USING BTREE,
  INDEX `fk_user_id`(`user_id`) USING BTREE,
  CONSTRAINT `fk_user_id` FOREIGN KEY (`user_id`) REFERENCES `user_info` (`user_id`) ON DELETE CASCADE ON UPDATE CASCADE
) ENGINE = InnoDB CHARACTER SET = utf8mb4 COLLATE = utf8mb4_0900_ai_ci ROW_FORMAT = Dynamic;

SET FOREIGN_KEY_CHECKS = 1;
```

图 15-9 位置信息表结构（SQL）

2. 数据表展示

用户信息表如图 15-10 所示；位置信息表如图 15-11 所示。

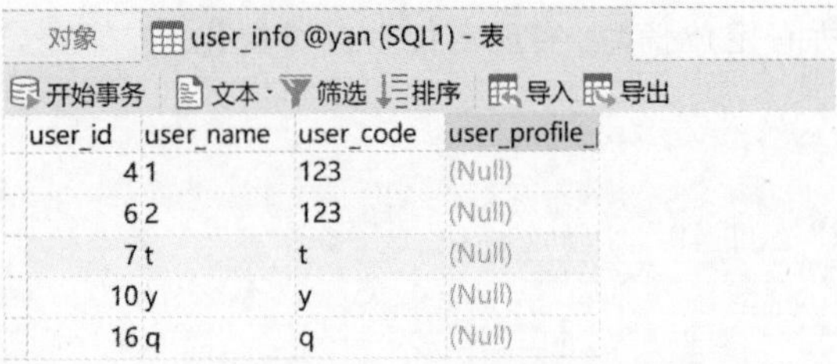

user_id	user_name	user_code	user_profile_
4	1	123	(Null)
6	2	123	(Null)
7	t	t	(Null)
10	y	y	(Null)
16	q	q	(Null)

图 15-10 用户信息表

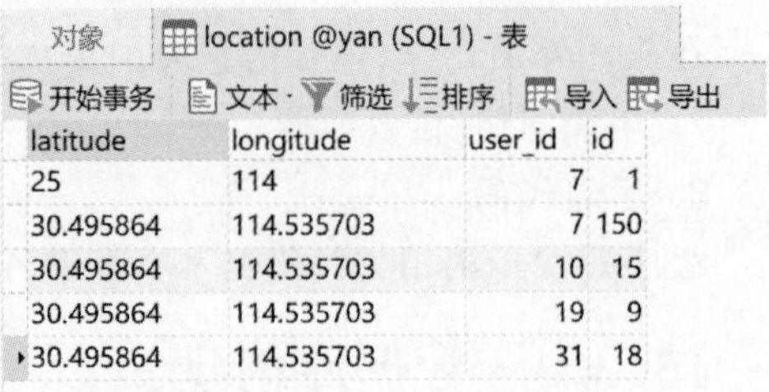

latitude	longitude	user_id	id
25	114	7	1
30.495864	114.535703	7	150
30.495864	114.535703	10	15
30.495864	114.535703	19	9
30.495864	114.535703	31	18

图 15-11 位置信息表

15.4 成果展示

打开 App，应用初始界面为登录界面，如图 15-12 所示；若用户尚未注册，则单击“注册”按钮跳转至注册界面，注册成功后自动跳转至登录界面，如图 15-13 所示；用户输入搜索省市后，推荐界面将显示对应省市的旅游推荐表单，如图 15-14 所示，图中壶口瀑布为选中项，用户可以单击右侧删除图标将选中项删除。

在定位界面，用户可以单击“定位”按钮添加坐标，随后系统跳转至旅图界面，将定位数据可视化，用户也可以单击地图标识，直接跳转至旅图界面，如图 15-15 所示；用户的定位信息传入数据库后，旅图界面会根据数据库中的经纬度添加城市坐标并显示对应图片，如图 15-16 所示；发送动态界面如图 15-17 所示。

图 15-12　登录界面

图 15-13　注册界面

图 15-14　景点表单界面

图 15-15　定位界面

图 15-16　旅图界面

图 15-17　发送动态界面

项目 16

新 生 助 手

本项目通过鸿蒙系统开发工具 DevEco Studio,基于 Java 开发一款新生助手 App,实现快速熟悉校园的基本情况。

16.1 总体设计

本部分包括系统架构和系统流程。

16.1.1 系统架构

系统架构如图 16-1 所示。

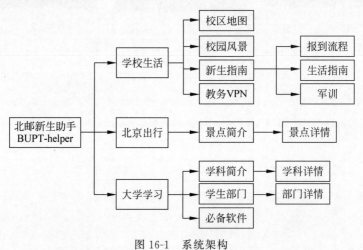

图 16-1 系统架构

16.1.2 系统流程

系统流程如图 16-2 所示。

图 16-2　系统流程

16.2　开发工具

本项目使用 DevEco Studio 开发工具,安装过程如下。

(1) 注册开发者账号,完成注册并登录,在官网下载 DevEco Studio 并安装。

(2) 设置开发环境并下载 HarmonyOS SDK。

(3) 新建设备类型和模板。首先,设备类型选择 Phone;然后,选择 Empty Ability;最后,单击 Next 并填写相关信息。

(4) 创建后的应用目录结构如图 16-3 所示。

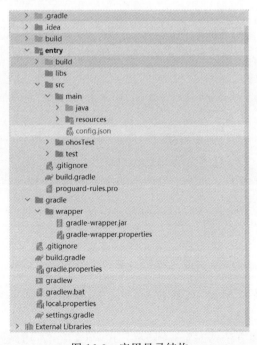

图 16-3　应用目录结构

（5）在 src/main/java 目录下进行开发，在 src/main/resources 目录下进行界面布局设置，如图 16-4 所示。

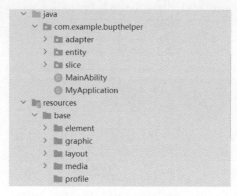

图 16-4　开发目录结构

16.3　开发实现

本项目包括界面设计和程序开发，下面分别给出各模块的功能介绍及相关代码。

16.3.1　界面设计

本部分包括学校生活主界面、校园地图、校园风景、新生指南和教务 VPN。

1. 学校生活主界面

本部分包括功能介绍和界面布局。

（1）功能介绍。学校生活主界面包含校园地图、校园风景和新生助手三个组件。

（2）界面布局。在 src\main\resources\base\layout 目录下创建布局文件，单击 layout 目录，在弹出的菜单中选择 New/Layout Resource File，命名为 ability_main，进行线性布局。

在线性布局 DirectionalLayout 中添加 ohos:alignment 和 ohos:orientation 等属性，设置子组件的显示方式。

添加 Text、Image 子组件，并为子组件添加必要的属性，相关代码如下。

```
ohos:width = "match_parent";
ohos:height = "match_content" ;
```

设置文本内容如下。

```
ohos:text = "自定义布局 Text 组件";
```

修改 text_size 更改文字大小，修改 text_alignment 设置文字对齐方式，修改 left_margin 和 right_margin 调整页边距。

Image 组件可按上述方法修改宽高、显示方式，与文字不同的是，为了显示图片协调，添加 ohos：scale_mode＝"stretch"设置显示，并通过 ohos：image_src＝"＄media：beiyoujiang"

引用已经导入 src/resources/media 中的图片。

```
<Image
    ohos:id="$+id:iv_lb"
    ohos:height="40vp"
    ohos:width="220vp"
    ohos:scale_mode="stretch"
    ohos:top_margin="210vp"
    ohos:horizontal_center="true"
    ohos:image_src="$media:bjcx"/>
```

图 16-5　组件属性设置

Image 和 Text 具有 ID 标识属性，ohos：id＝"＄＋id：text"为组件设置标识，在 Java 代码中可以通过 ID 标识获取 XML 布局中定义的组件，其中"＋"号作用是如果 ID 不存在则生成 ID 常量，如果存在则使用已存在的常量，在 Java 代码中可以通过生成的常量获取组件，如图 16-5 所示。

界面完整代码见本书配套资源"文件 50"。

文件 50

2．校园地图

本部分介绍校园地图的功能介绍、界面布局和功能实现。

（1）功能介绍。校园地图可以加载校区平面图，帮助新生迅速了解校园分布，通过滑动，可以切换校区。

（2）界面布局。采用同样的方式，新建并编写 XML 文件，最外层布局添加背景图片，另外的 Text 组件标注 ID 后，设置属性，居中显示，并添加 PageSlider 作为滑动组件，用于承载多张图片。

```xml
<?xml version = "1.0" encoding = "utf - 8"?>
<DirectionalLayout
    xmlns:ohos = "http://schemas.huawei.com/res/ohos"
    ohos:height = "match_parent"
    ohos:width = "match_parent"
    ohos:orientation = "vertical">
    <DirectionalLayout
        ohos:height = "80fp"
        ohos:width = "match_parent"
        ohos:background_element = "#FFFF4800"
        ohos:orientation = "horizontal">
        <Text
            ohos:id = "$ + id:tv_fl"
            ohos:weight = "1"
            ohos:height = "match_parent"
            ohos:width = "match_content"
            ohos:text_size = "20fp"
            ohos:text_color = "#fff"
            ohos:text_alignment = "center"
            ohos:text = "西土城校区"/>
        <Text
            ohos:id = "$ + id:tv_jq"
            ohos:weight = "1"
            ohos:height = "match_parent"
            ohos:width = "match_content"
            ohos:text_size = "20fp"
```

```
                    ohos:text_alignment = "center"
                    ohos:text = "昌平校区"/>
        </DirectionalLayout>
        < PageSlider
            ohos:id = " $ + id:ps"
            ohos:height = "match_parent"
            ohos:orientation = "horizontal"
            ohos:width = "match_parent"/>
</DirectionalLayout >
```

（3）功能实现。创建一个 AbilitySlice 类，加载布局文件，通过 ID 获得 XML 布局中的组件对象，通过 for 循环添加单击事件，触发事件后组件变为白色。

创建滑动组件适配器，在 src 文件夹下创建 adapter 包，新建一个 PageSliderProvider 类，将平面图通过适配器的方式动态添加至 PageSlider 组件上，实现监听滑动事件 PageSlider. PageChangedListener（）。

getCount（）获取图片数量；createPageInContainer（ComponentContainer componentContainer，int i）加载图片，设置图片显示样式；destroyPageFromContainer（ComponentContainer componentContainer，int i，Object o）释放当前视图，对滑出屏幕的组件进行移除；isPageMatchToObject（Component component，Object o）判断是否由对象生成界面，并设置为 true。

加载滑动适配器，并添加滑动事件，监听滑动位置，将适配器加载至滑动组件上，完整代码如下。

```
package com.example.myapplication.slice;
import com.example.myapplication.ResourceTable;
import com.example.myapplication.adapter.PageItemAdapter;
import ohos.aafwk.ability.AbilitySlice;
import ohos.aafwk.content.Intent;
import ohos.agp.components.Component;
import ohos.agp.components.PageSlider;
import ohos.agp.components.Text;
import ohos.agp.utils.Color;
public class XQPMTAbilitySlice extends AbilitySlice {
    //创建滑动组件
    private PageSlider ps;
    private Text[] texts = new Text[2];
    private int[] images = {
            ResourceTable.Media_xituchengditu,
            ResourceTable.Media_shaheditu,
    };
    private PageItemAdapter adapter;
    @Override
    protected void onStart(Intent intent) {
        super.onStart(intent);
        this.setUIContent(ResourceTable.Layout_ability_xqpmt);
        texts[0] = (Text) this.findComponentById(ResourceTable.Id_tv_fl);
```

```
        texts[1] = (Text) this.findComponentById(ResourceTable.Id_tv_jq);
        ps = (PageSlider) this.findComponentById(ResourceTable.Id_ps);
```

//初始化 Text 组件,添加事件,将当前的循环次数作为标记该 Text 组件的唯一标识,添加单击事件
//单击事件经过触发,根据 tag 标记得到 Text 组件的顺序,恢复所有 Text 组件颜色为黑色,单击事
//件为白色

```
        for (int i = 0; i < texts.length; i++) {
            texts[i].setTag(i);
            texts[i].setClickedListener(new Component.ClickedListener() {
                @Override
                public void onClick(Component component) {
                    int c = (int) ((Text)component).getTag();
                    for (int j = 0; j < texts.length; j++) {
                        texts[j].setTextColor(Color.BLACK);
                    }
                    texts[c].setTextColor(Color.WHITE);
                    ps.setCurrentPage(c);
                }
            });
        }
```

//加载滑动适配器,添加滑动事件,监听滑动位置,将 Text 标签同步选中
//创建适配器对象,将当前界面对象和封装好的集合进行发送

```
        adapter = new PageItemAdapter(this,images);
```

//将适配器加载至滑动组件上,完成同步组装

```
        ps.setProvider(adapter);
        ps.addPageChangedListener(new PageSlider.PageChangedListener() {
            @Override
            public void onPageSliding(int i, float v, int i1) {
            }
            @Override
            public void onPageSlideStateChanged(int i) {
            }
            @Override
            public void onPageChosen(int i) {
                for (int j = 0; j < texts.length; j++) {
                    texts[j].setTextColor(Color.BLACK);
                }
                texts[i].setTextColor(Color.WHITE);
            }
        });
    }
}
```

3. 校园风景

本部分包括功能介绍、界面布局和功能实现。

(1) 功能介绍。帮助新生迅速了解校园文化,打卡校园地标,左右滑动可切换图片,同时放大相应图片。

(2) 界面布局。自上而下为放大图片、滑动条及返回按钮,滑动条使用 ScrollView 滚动组件,ScrollView 的展示需要布局支持,里面添加 DirectionalLayout 线性布局组件,默认为

竖直滚动,在这里限定为水平滚动,相关代码如下。

```xml
<?xml version = "1.0" encoding = "utf - 8"?>
< DirectionalLayout
    xmlns:ohos = "http://schemas. huawei. com/res/ohos"
    ohos:height = "match_parent"
    ohos:width = "match_parent"
    ohos:orientation = "vertical">
    < DirectionalLayout
        ohos:height = "match_content"
        ohos:width = "match_parent"
        ohos:orientation = "vertical"
        ohos:weight = "1">
        < Image
            ohos:id = " $ + id:iv_xyfj1"
            ohos:height = "200fp"
            ohos:width = "match_parent"
            ohos:image_src = " $ media:libai"
            ohos:scale_mode = "stretch"/>
    </DirectionalLayout >
    < ScrollView
        ohos:height = "400fp"
        ohos:width = "400fp"
        ohos:weight = "1"
        ohos:rebound_effect = "true">
        < DirectionalLayout
            ohos:id = " $ + id:dl1"
            ohos:height = "match_parent"
            ohos:width = "match_content"
            ohos:orientation = "horizontal"/>
    </ScrollView >
    < Button
        ohos:id = " $ + id:btn_xyfj1"
        ohos:height = "match_content"
        ohos:width = "match_parent"
        ohos:background_element = " $ graphic:background_xyfj_button"
        ohos:margin = "20fp"
        ohos:padding = "10fp"
        ohos:text = "返回"
        ohos:text_color = " # fff"
        ohos:text_size = "20fp"/>
</DirectionalLayout >
```

(3)功能实现。创建新的 AbilitySlice 类,用 Java 创建图片数组。加载 XML 布局文件,通过 ID 获得组件,根据图片数量,循环遍历动态创建 Image 组件;通过 Java 设置图片布局;用 for 循环将动态创建好的 Image 组件添加至横向线性布局中,并添加图片单击事件,被单击的图片将放大显示在上方;最后给返回按钮添加关闭当前 AbilitySlice 单击事件,相关代码如下。

```
    package com.example.myapplication.slice;
import com.example.myapplication.ResourceTable;
import ohos.aafwk.ability.AbilitySlice;
import ohos.aafwk.content.Intent;
import ohos.agp.components.*;
import ohos.agp.components.element.ShapeElement;
public class XYFJAbilitySlice extends AbilitySlice {
    private int[] images = {
            ResourceTable.Media_jiazizhong, ResourceTable.Media_liangting,
             ResourceTable.Media_libai, ResourceTable.Media_mingren, ResourceTable.Media_
mosidianma, ResourceTable.Media_tushuguanbiaozhi,
            ResourceTable.Media_youpiao, ResourceTable.Media_tushuguan,
            ResourceTable.Media_tiyuguan, ResourceTable.Media_tushuguannei1,
            ResourceTable.Media_tushuguannei2, ResourceTable.Media_xuehuonei,
            ResourceTable.Media_shahexuehuo, ResourceTable.Media_shaheshitang,
            ResourceTable.Media_xiaoxunshi, ResourceTable.Media_xueshenggongyu,
    };
    private Image iv_xyfj;
    private DirectionalLayout dl;
    private Image[] images_ = new Image[images.length];
    private Button btn_xyfj;
    @Override
    protected void onStart(Intent intent) {
        super.onStart(intent);
        this.setUIContent(ResourceTable.Layout_ability_xyfj);
        iv_xyfj = (Image) this.findComponentById(ResourceTable.Id_iv_xyfj1);
        dl = (DirectionalLayout) this.findComponentById(ResourceTable.Id_dl1);
        btn_xyfj = (Button) this.findComponentById(ResourceTable.Id_btn_xyfj1);
        for (int i = 0; i < images_.length; i++) {
            images_[i] = new Image(this);
            DirectionalLayout.LayoutConfig lc = new DirectionalLayout.LayoutConfig
(ComponentContainer.LayoutConfig.MATCH_CONTENT,
                    ComponentContainer.LayoutConfig.MATCH_PARENT);
            images_[i].setLayoutConfig(lc);
            images_[i].setPixelMap(images[i]);
            images_[i].setTag(i);
            images_[i].setClickedListener(new Component.ClickedListener() {
                @Override
                public void onClick(Component component) {
                    int n = (int) ((Image)component).getTag();
                    iv_xyfj.setPixelMap(images[n]);
                }
            });
            dl.addComponent(images_[i]);
        }
        images_[0].setAlpha(255);
        btn_xyfj.setClickedListener(new Component.ClickedListener() {
            @Override
            public void onClick(Component component) {
                terminate();
```

```
            }
        });
    }
}
```

4. 新生指南

本部分包括功能介绍、界面布局、详情界面和功能实现。

（1）功能介绍包括新生报到流程、新生生活指南及军训准备。

（2）界面布局。编写 XML 文件，通过 ohos：方法添加布局属性和功能界面。

```xml
<?xml version = "1.0" encoding = "utf - 8"?>
< DirectionalLayout
    xmlns:ohos = "http://schemas. huawei.com/res/ohos"
    ohos:height = "match_parent"
    ohos:width = "match_parent"
    ohos:id = " $ + id:dl_xszs"
    ohos:background_element = " $ media:benbuxiaomen"
    ohos:alignment = "center"
    ohos:orientation = "vertical">
</DirectionalLayout >
```

（3）详情界面代码如下。

```xml
<?xml version = "1.0" encoding = "utf - 8"?>
< DirectionalLayout
    xmlns:ohos = "http://schemas. huawei.com/res/ohos"
    ohos:height = "match_content"
    ohos:width = "match_parent"
    ohos:orientation = "vertical">
    < Text
        ohos:id = " $ + id:tv_xszs_details"
        ohos:height = "match_parent"
        ohos:width = "match_parent"
        ohos:scrollable = "true"
        ohos:text_color = " ♯000"
        ohos:multiple_lines = "true"
        ohos:text_size = "25fp"
        ohos:text_font = "HwChinese - medium"
        ohos:left_margin = "15vp"
        ohos:right_margin = "15vp"/>
</DirectionalLayout >
```

（4）功能实现。创建新的 AbilitySlice，通过 for 循环创建 Text 组件，采用 setTextColor（）等方法添加文本显示属性。

为 Text 添加 ID 属性，添加单击事件，单击文字跳转界面详情。

在界面详情 XML 文件中，设置文本多行显示，并能通过滑动屏幕显示完整文本。新建 AbilitySlice 类作为新生指南详情页，加载以上布局，根据 ID 获得组件对象。

Intent 是对象之间传递信息的载体。界面跳转时，可以通过 Intent 指定启动的目标同时携带相关数据。通过 Intent 对象可以获得分类下标,跳转显示模块详情介绍,完整代码见本书配套资源"文件51"。

5. 教务 VPN

本部分包括功能介绍、界面布局和功能实现。

(1) 功能介绍。此模块可直接跳转网页,方便新生登录教务网站。

(2) 界面布局。使用 WebView 组件访问 Web 网页,网页可以是本地也可以是外部浏览器。直接输入 WebView 并不能使用该组件,需通过 ohos. agp. components. webengine. WebView 进行布局,相关代码如下。

```xml
<?xml version = "1.0" encoding = "utf - 8"?>
< DirectionalLayout
    xmlns:ohos = "http://schemas.huawei.com/res/ohos"
    ohos:height = "match_parent"
    ohos:width = "match_parent"
    ohos:orientation = "vertical">
    < ohos. agp. components. webengine. WebView
        ohos:id = " $ + id:ability_main_webview"
        ohos:height = "match_parent"
        ohos:width = "match_parent"/>
</DirectionalLayout >
```

(3) 功能实现。在 config. json 文件中添加网络访问请求。

```
"reqPermissions": [
    {
        "name": "ohos. permission. INTERNET"
    }]
```

使用 load()函数进行网页的加载。isNeedLoadUrl 主要检查是否基于当前 WebView 请求加载,相关代码如下。

```java
package com. example. myapplication. slice;
import com. example. myapplication. ResourceTable;
import ohos. aafwk. ability. AbilitySlice;
import ohos. aafwk. content. Intent;
import ohos. agp. components. webengine. ResourceRequest;
import ohos. agp. components. webengine. WebView;
import ohos. agp. components. webengine. WebAgent;
//在 config. json 文件中添加网络授权信息
public class VPNAbilitySlice extends AbilitySlice {
    private WebView webView;
    protected void onStart(Intent intent) {
        super. onStart(intent);
        this. setUIContent(ResourceTable. Layout_ability_vpn);

        this. webView = (WebView)findComponentById(ResourceTable. Id_ability_main_webview);
        //如果网页需要使用 JavaScript,增加此行
        webView. getWebConfig() . setJavaScriptPermit(true);
```

```
//MainAbility界面添加此行,可以实现主界面的跳转
this.webView.setWebAgent(new WebAgent(){
    @Override
    public boolean isNeedLoadUrl(WebView webView, ResourceRequest request) {
        //isNeedLoadUrl检查是否基于当前WebView请求加载
        return super.isNeedLoadUrl(webView, request);
    }
});
//使用load()函数进行网页的加载
this.webView.load("https://webvpn.bupt.edu.cn/");
}
}
```

16.3.2　程序开发

本部分包含主界面和详情界面。

1. 主界面

本部分包括景点介绍、界面布局和功能实现。

(1) 介绍北京的著名旅游景点,并提供详细的景点详情和游玩攻略。

(2) 界面布局。DirectionalLayout控制整个界面的布局,列表组件用于显示列表信息。

```xml
<?xml version = "1.0" encoding = "utf - 8"?>
< DirectionalLayout
    xmlns:ohos = "http://schemas.huawei.com/res/ohos"
    ohos:height = "match_parent"
    ohos:width = "match_parent"
    ohos:orientation = "vertical">
    < ListContainer
        ohos:id = " $ + id:lc_list"
        ohos:height = "match_parent"
        ohos:width = "match_parent"/>
</DirectionalLayout >
```

创建子布局界面,控制列表中组件的显示格式和摆放结构。

```xml
<?xml version = "1.0" encoding = "utf - 8"?>
< DirectionalLayout
    xmlns:ohos = "http://schemas.huawei.com/res/ohos"
    ohos:height = "100fp"
    ohos:width = "match_parent"
    ohos:margin = "10fp"
    ohos:alignment = "vertical_center"
    ohos:orientation = "horizontal">
    < Image
        ohos:id = " $ + id:iv_bjcx_image"
        ohos:weight = "1"
        ohos:height = "match_parent"
        ohos:width = "match_content"
        ohos:image_src = " $media:beijingchuxing"
```

```
        ohos:scale_mode = "stretch"/>
    < DirectionalLayout
        ohos:height = "match_parent"
        ohos:width = "match_content"
        ohos:left_margin = "10fp"
        ohos:weight = "2"
        ohos:orientation = "vertical">
        < Text
            ohos:id = " $ + id:tv_bjcx_name"
            ohos:height = "match_content"
            ohos:width = "match_parent"
            ohos:text = "AAA"
            ohos:text_size = "25fp"
            ohos:weight = "1"/>
        < Text
            ohos:id = " $ + id:tv_bjcx_info"
            ohos:height = "match_content"
            ohos:width = "match_parent"
            ohos:text_size = "20fp"
            ohos:text_color = " ♯00f"
            ohos:text = "BBB"
            ohos:weight = "1"/>
    </DirectionalLayout >
</DirectionalLayout >
```

（3）功能实现。在 entity 文件夹下创建 BJCX 类，用于获取图片、景点对应名称及景点简要概况，相关代码见本书配套资源"文件 52"。

文件 52

2．详情界面

本部分包括出行界面布局和功能实现。

（1）出行界面布局。上方显示当前景点图片，下方通过文本滚动获取景点详细介绍、出行路线推荐及游玩攻略，相关代码如下。

```
<?xml version = "1.0" encoding = "utf - 8"?>
< DirectionalLayout
    xmlns:ohos = "http://schemas.huawei.com/res/ohos"
    ohos:height = "match_content"
    ohos:width = "match_parent"
    ohos:background_element = " ♯FFF"
    ohos:orientation = "vertical">
    < Image
        ohos:id = " $ + id:iv_bjcx_details"
        ohos:height = "200fp"
        ohos:width = "match_parent"
        ohos:scale_mode = "stretch"/>
    < Text
        ohos:id = " $ + id:tv_bjcx_details"
        ohos:height = "match_content"
        ohos:width = "match_parent"
        ohos:scrollable = "true"
```

```
            ohos:text_color = "#000"
            ohos:multiple_lines = "true"
            ohos:text_font = "HwChinese - medium"
            ohos:left_margin = "15vp"
            ohos:right_margin = "15vp"
            ohos:text_size = "25fp"/>
</DirectionalLayout>
```

（2）功能实现。加载列表界面传递的图片数据和下标，展示当前景点的详细介绍，并通过滚动的方式阅览全文，相关代码如下。

```
package com.example.myapplication.slice;
import com.example.myapplication.ResourceTable;
import ohos.aafwk.ability.AbilitySlice;
import ohos.aafwk.content.Intent;
import ohos.agp.components.Image;
import ohos.agp.components.Text;
public class BJCXDetailsAbilitySlice extends AbilitySlice {
    private Image image;
    private Text text;
    String[] contents = new String[] {
            "\t 北京故宫简介"
                        …… };
    @Override
    protected void onStart(Intent intent) {
        super.onStart(intent);
        //加载 XML 布局作为根布局
        //ResourceTable 此方法引用 layout、组件、图片
        this.setUIContent(ResourceTable.Layout_ability_bjcxdetails);
        //findComponentById 方法获取组件 ID
        image = (Image) this.findComponentById(ResourceTable.Id_iv_bjcx_details);
        text = (Text) this.findComponentById(ResourceTable.Id_tv_bjcx_details);
        //设置图片、文本显示属性
        //Intent 是对象之间传递信息的载体
        //当一个 Ability 需要启动另一个 Ability 时,或者一个 AbilitySlice 需要导航另一个
AbilitySlice 时,可以通过 Intent 指定启动的目标同时携带相关数据

image.setPixelMap(intent.getIntParam("image",ResourceTable.Media_xiaohui));
        text.setText(contents[intent.getIntParam("index",0)]);
    }
}
```

16.3.3 大学学习

本部分包含学科简介、学科简介详情界面、学生部门、学生部门详情界面和必备软件。

1. 学科简介

本部分包括功能介绍、界面布局和功能实现。

（1）功能介绍。以信通院学生为目标人群，向新生科普即将学习的特色专业课，帮助新

生提前准备相关书籍,提前了解通信工程特色学科,适应学习节奏,并提供课程学习相关信息。

(2) 界面布局。本界面采用与上述风景简介的相同布局,DirectionalLayout 控制整个界面的布局,列表组件用于显示列表信息。创建子布局界面,控制列表中组件的显示格式和摆放结构。

(3) 功能实现。在 entity 文件夹下创建 XKJJ 类,用于获取学科名称、对应教材封面及学科知识简要概括,相关代码见本书配套资源"文件53"。

文件53

2. 学科简介详情界面

本部分包括学科简介的界面布局和功能实现。

(1) 本界面布局与景点详细介绍类似,详情界面上方显示为当前学科对应教材封面图,下方通过文本滚动获取学科内容介绍,相关代码如下。

```
<?xml version = "1.0" encoding = "utf - 8"?>
< DirectionalLayout
    xmlns:ohos = "http://schemas. huawei. com/res/ohos"
    ohos:height = "match_content"
    ohos:width = "match_parent"
    ohos:background_element = " # FFF"
    ohos:orientation = "vertical">
    < Image
        ohos:id = " $ + id:iv_xkjj_details"
        ohos:height = "200fp"
        ohos:width = "match_parent"
        ohos:scale_mode = "stretch"/>
    < Text
        ohos:id = " $ + id:tv_xkjj_details"
        ohos:height = "match_content"
        ohos:width = "match_parent"
        ohos:scrollable = "true"
        ohos:text_color = " # 000"
        ohos:multiple_lines = "true"
        ohos:text_font = "HwChinese - medium"
        ohos:left_margin = "15vp"
        ohos:right_margin = "15vp"
        ohos:text_size = "25fp"/>
</DirectionalLayout>
```

(2) 功能实现。加载列表界面传递的图片数据和下标,展示当前学科的详细介绍,并通过滚动的方式阅览全文,相关代码如下。

```
package com. example. myapplication. slice;
import com. example. myapplication. ResourceTable;
import ohos. aafwk. ability. AbilitySlice;
import ohos. aafwk. content. Intent;
import ohos. agp. components. Image;
import ohos. agp. components. Text;
public class XKJJDetailsAbilitySlice extends AbilitySlice {
```

```
        private Image image;
        private Text text;
        String[] contents = new String[] {
                "\t 该书包含 3 大部分内容——直流电阻电路、直流动态电路和正弦交流稳态电
路." +
                            … …};
        @Override
        protected void onStart(Intent intent) {
            super.onStart(intent);
            this.setUIContent(ResourceTable.Layout_ability_xkjjdetails);
            image = (Image) this.findComponentById(ResourceTable.Id_iv_xkjj_details);
            text = (Text) this.findComponentById(ResourceTable.Id_tv_xkjj_details); image.
setPixelMap(intent.getIntParam("image",ResourceTable.Media_xiaohui));
            text.setText(contents[intent.getIntParam("index",0)]);
        }
    }
```

3. 学生部门

本部分包括功能介绍、界面布局和功能实现。

(1) 学生部门模块向新生展示学校各学生部门、部门职能等详细信息,鼓励新生参加多彩的大学活动,锻炼个人能力。

(2) 界面布局。本界面采用与上述风景简介相同的布局,DirectionalLayout 控制整个界面的布局,列表组件用于显示列表信息。

```xml
<?xml version = "1.0" encoding = "utf - 8"?>
< DirectionalLayout
    xmlns:ohos = "http://schemas.huawei.com/res/ohos"
    ohos:height = "match_parent"
    ohos:width = "match_parent"
    ohos:orientation = "vertical">
    < ListContainer
        ohos:id = " $ + id:lc_xsbm"
        ohos:height = "match_parent"
        ohos:width = "match_parent"/>
</DirectionalLayout >
```

创建子布局界面,控制列表中组件的显示格式和摆放结构。

(3) 功能实现。在 entity 文件夹下创建 XSBM 类,用于获取部门图标、对应名称及职能简要概况,相关代码见本书配套资源"文件 54"。

文件 54

4. 学生部门详情界面

本部分包括学生部门的界面布局和功能实现。

(1) 本界面布局与景点详细介绍类似,详情界面上方显示为当前景点图片,下方通过文本滚动获取学生部门详情介绍,相关代码如下。

```xml
<?xml version = "1.0" encoding = "utf - 8"?>
< DirectionalLayout
    xmlns:ohos = "http://schemas.huawei.com/res/ohos"
```

```
        ohos:height = "match_content"
        ohos:width = "match_parent"
        ohos:background_element = "#FFF"
        ohos:orientation = "vertical">
    <Image
        ohos:id = "$ + id:iv_xsbm_details"
        ohos:height = "200fp"
        ohos:width = "match_parent"
        ohos:scale_mode = "stretch"/>
    <Text
        ohos:id = "$ + id:tv_xsbm_details"
        ohos:height = "match_content"
        ohos:width = "match_parent"
        ohos:scrollable = "true"
        ohos:text_color = "#000"
        ohos:multiple_lines = "true"
        ohos:text_font = "HwChinese-medium"
        ohos:left_margin = "15vp"
        ohos:right_margin = "15vp"
        ohos:text_size = "25fp"/>
</DirectionalLayout>
```

（2）功能实现。加载列表界面传递的图片数据和下标,展示当前学生部门的详细介绍,并通过滚动的方式阅览全文,相关代码如下。

```
package com.example.myapplication.slice;
import com.example.myapplication.ResourceTable;
import ohos.aafwk.ability.AbilitySlice;
import ohos.aafwk.content.Intent;
import ohos.agp.components.Image;
import ohos.agp.components.Text;
public class XSBMDetailsAbilitySlice extends AbilitySlice {
    private Image image;
    private Text text;
    String[] contents = new String[] {
            "\t北京邮电大学学生会承认《中华全国学生联合会章程》和《北京市学生联合会章
程》,并作为团体会员参加中华全国学生联合会和北京市学生联合会。学生会的宗旨是全心全意为
北京邮电大学全体同学服务。" +
                    ...};
    @Override
    protected void onStart(Intent intent) {
        super.onStart(intent);
        this.setUIContent(ResourceTable.Layout_ability_xsbmdetails);
        image = (Image) this.findComponentById(ResourceTable.Id_iv_xsbm_details);
        text = (Text) this.findComponentById(ResourceTable.Id_tv_xsbm_details); image.
setPixelMap(intent.getIntParam("image",ResourceTable.Media_benbuxiaomen));
        text.setText(contents[intent.getIntParam("index",0)]);
    }
}
```

5. 必备软件

本部分包括功能介绍和功能实现。

(1) 为新生提供学习生活中可以运用的软件。

(2) 功能实现。Onstart()方法加载界面布局的相关代码如下。

```
package com.example.myapplication.slice;
import com.example.myapplication.ResourceTable;
import ohos.aafwk.ability.AbilitySlice;
import ohos.aafwk.content.Intent;
public class SHRJAbilitySlice extends AbilitySlice{
    @Override
    public void onStart(Intent intent) {
        super.onStart(intent);
        super.setUIContent(ResourceTable.Layout_ability_shrj); // 加载 XML 布局
    }
}
```

16.4　成果展示

打开 App，初始界面展示三个模块，单击学校生活、北京出行、大学学习，可以进入相应的界面获得相关信息，应用初始界面如图 16-6 所示；单击学校生活界面，可以看到屏幕中出现校区地图、校园风景、新生入学及教务 VPN 四个选项，分别单击进入下一界面，获取相应信息，如图 16-7 所示；单击校区地图，可以查询校区地图，单击上方按键，可以切换校区地图，如图 16-8 和图 16-9 所示。

返回学校生活主界面，单击校园风景，下方为滑动图片组件，左右滑动可切换风景图，单击后，该风景图将在顶处放大，如图 16-10 所示；进入新生入学界面，如图 16-11 所示；单击报到流程、生活指南、军训，跳转下一界面获取详细信息，如图 16-12 所示；单击教务 VPN 界面，可以跳转登录 VPN，访问校内网址，如图 16-13 所示。

退出学校生活模块，回到主界面，单击北京出行。界面将显示各景点名称、简要介绍，并可以上下滑动，获取更多景点信息，如图 16-14 所示；单击故宫，可以获得详细景点介绍，推荐出行路线、游玩攻略。通过滑动可以浏览全文，如图 16-15 所示；回到主界面，进入大学学习模块。下设学科简介、学生部门和生活软件三个模块，如图 16-16 所示；单击学科简介模块，可以获得特色学科介绍，单击图片可以获取学科详情，推荐学习资源，如图 16-17 所示。

单击任意课程名，可以进入详情界面，如图 16-18 所示。回到大学学习界面，单击学生部门组件，和北京出行类似，该界面显示学校各职能部门的信息，如图 16-19 所示；单击后显示各部门详细介绍，如图 16-20 所示；返回大学学习界面，单击生活软件，该界面显示相关生活必备软件或网站，如图 16-21 所示。

图 16-6　应用初始界面

图 16-7　学校生活主界面

图 16-8　切换前校区地图

图 16-9　切换后校区地图

图 16-10　校园风景界面

图 16-11　新生入学界面

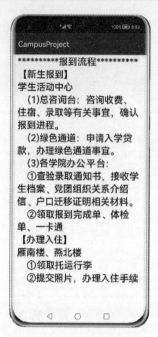

图 16-12 跳转后界面

图 16-13 VPN 登录界面

图 16-14 北京出行

图 16-15 景点介绍

图 16-16 大学学习

图 16-17 校园风景

通信原理，是通信、电子、信息领域中最重要的专业基础课之一。深入地分析了通信系统的模型、基本原理和性能，包括模拟通信系统和数字通信系统，并以数字通信系统为主。从通信信号传输的角度主要介绍传输信号、调制、均衡和最佳接收内容，从信息传输的角度主要介绍信源和信源编码、信道容量和信道编码等内容。
【学习资源】：教材，中国大学MOOC 杨鸿文，哔哩哔哩

图 16-18 学校详情界面

图 16-19 学生部门界面

务。
学生会的任务是贯彻党的教育方针，促进广大同学德智体全面发展，团结和引导同学做具有现代科技文化知识，适应中国特色社会主义现代化建设事业要求的优秀人才。
学生会是学校和学生之间联系的桥梁和纽带，代表和维护学生的正当利益，协助学校共同创造良好的教学秩序和生活环境；引导和组织学生参与自我服务、自我管理、自我教育，开展健康有益的活动，丰

图 16-20 部门详情界面

图 16-21 生活软件界面

旅游推荐

本项目通过鸿蒙系统开发工具 DevEco Studio，基于 JavaScript 开发一款环境、天气数据指标 App，实现旅游推荐。

17.1 总体设计

本部分包括系统架构和系统流程。

17.1.1 系统架构

系统架构如图 17-1 所示。

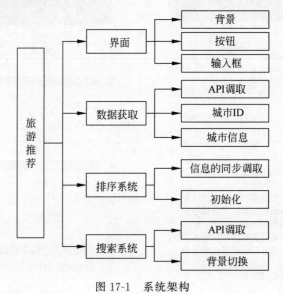

图 17-1 系统架构

17.1.2 系统流程

系统流程如图 17-2 所示。

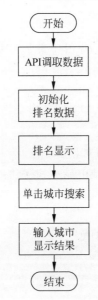

图 17-2 系统流程

17.2 开发工具

本项目使用 DevEco Studio 开发工具，安装过程如下。

（1）注册开发者账号，完成注册并登录，在官网下载 DevEco Studio 并安装。

（2）下载并安装 Node.js。

（3）新建设备类型和模板，首先，设备类型选择 Phone；然后，选择 Empty Feature Ability（JavaScript）；最后，单击 Next 并填写相关信息。

（4）创建后的应用目录结构如图 17-3 所示。

（5）在 src/main/js 目录下进行旅游推荐系统的应用开发。

17.3 开发实现

本项目包括界面设计和程序开发，下面分别给出各模块的功能介绍及相关代码。

17.3.1 界面设计

本部分包括图片导入和界面布局的相关代码。

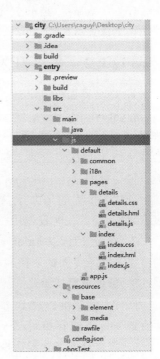

图 17-3 应用目录结构

1. 图片导入

首先,将选好的背景图片导入 project 中;然后,城市图片以城市的 ID 命名,如图 17-4 所示。

2. 界面布局

界面布局设计步骤如下,相关代码见本书配套资源"文件 55"。

文件 55

指数排名的界面(index page)设计如下。

(1) 使用按钮组件设置排名后的城市显示和互动。

(2) 背景设置。

(3) 切换界面按钮。

城市查询的界面(details page)设计如下。

(1) 城市输入组件。

(2) 查询、返回按钮(二者类似,此处展示查询按钮)。

(3) 文本显示(选取空气质量为例)。

(4) 背景图片显示。

图 17-4　图片导入

17.3.2　程序开发

1. 排名界面(index page)**数据准备和初始化**

JavaScript 代码的运行是异步的,而进行界面初始化,需要等待 API 调取的数据返回后排序。JavaScript 的异步运行导致排名的代码和 API 信息的调取一同运行,即排序的代码会在 API 获取信息返回之前运行,导致排序失效,所以在此采用 async 方法,其声明的函数返回值与中间量是 promise 对象。因此,在 async 函数中或调用时可以使用 await,将异步执行的代码变为同步执行。代价是初始化时间较长,但代码可以正常运行。在此利用函数嵌套,最后初始化时仅调用一个函数即可。

2. 界面交互(以 index page 为例)

主要涉及界面的切换和参数的传递,利用 router 库后较为简单。

3. 查询页面初始化

同样是数据准备、API 准备,在此界面展示时的初始化 onshow 函数内容与下一段的城市查询 search 内容相同,不详细列出。

4. 数据查询与背景切换

多次调用 API 获取信息并显示,通过改变 data.bg 的值改变背景图片。

文件 56

5. 城市排名页与城市查询页

程序开发代码见本书配套资源"文件 56"。

17.4　成果展示

　　打开 App,应用初始界面如图 17-5 所示,首页初始化后将城市按推荐指数的排名列出。在首页初始化后,通过直接单击"城市"按钮切换到城市查询界面获得具体数据;也可以单击"城市查询"按钮切换到城市查询界面,查询所需城市的数据,如图 17-6 所示。

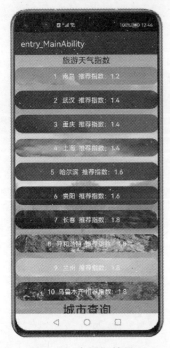

图 17-5　应用初始界面

图 17-6　城市查询界面

项目 18

手 机 旅 游

本项目通过鸿蒙系统开发工具 DevEco Studio,基于 Java 编写后台程序,基于 XML 开发前端布局,开发一款手机旅游 App,实现手机版的旅游信息应用。

18.1　总体设计

本部分包括系统架构和系统流程。

18.1.1　系统架构

系统架构如图 18-1 所示。

18.1.2　系统流程

系统流程如图 18-2 所示。

18.2　开发工具

本项目使用 DevEco Studio 开发工具,安装过程如下。

(1) 注册开发者账号,完成注册并登录,在官网下载 DevEco Studio 并安装。

(2) 下载并安装 HarmonyOS JDK Legacy 中的 Java 和 JavaScript。

(3) 新建设备类型和模板,首先设备类型选择 Phone;然后选择 Empty Feature Ability (Java);最后单击 Next 并填写相关信息。

(4) 完成注册并登录,选择可用的设备模拟器,单击运行,试运行一个项目,可以看到模拟器中的手机上显示 Hello World。

(5) 创建后的应用目录结构如图 18-3 所示。

(6) 后端程序编写在 AbilitySlice 中,前端在 base 文件夹下的 layout 中新建 XML 文件中编写。

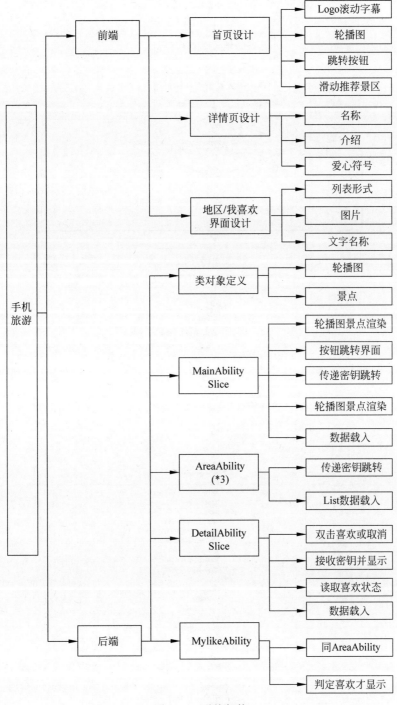

图 18-1　系统架构

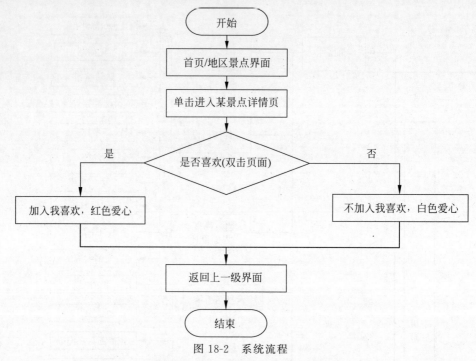

图 18-2　系统流程

图 18-3　应用目录结构

18.3　开发实现

本项目包括前端设计和后端开发,下面分别给出各模块的功能介绍及相关代码。

18.3.1　前端设计

本部分包括景点模板、滚动字幕及 Logo、轮播图、按钮、滚动显示,详情页设计和完整代码。

1. 景点模板

采用上图片下文字(景点名称)的形式,创建该模板后,可将其看作一个单元。

```
<DirectionalLayout
    xmlns:ohos = "http://schemas.huawei.com/res/ohos"
    ohos:height = "210vp"
    ohos:width = "170vp"
    ohos:orientation = "vertical"
    ohos:background_element = "#01000000">
<!-- 图片 -->
    <Image
        ohos:id = "$ + id:img"
        ohos:height = "150vp"
        ohos:width = "170vp"
        ohos:scale_mode = "clip_center"
        ohos:clip_alignment = "center"/>
<!-- 文字名称 -->
    <Text
        ohos:id = "$ + id:scenename"
        ohos:height = "match_content"
        ohos:width = "150vp"
        ohos:text = ""
        ohos:text_size = "20fp"
        ohos:text_color = "#FF00FF40"
        ohos:text_alignment = "center"/>
</DirectionalLayout>
```

2. 滚动字幕及 Logo

采用文字组件的自动滚动模式,如果不添加任何参数,字幕会无持续滚动。Logo 的大小可能不符合要求,需通过 stretch 放缩到正确尺寸。

```
<Image
    ohos:height = "80vp"
    ohos:width = "165vp"
    ohos:image_src = "$media:logo"
    ohos:scale_mode = "stretch"></Image>
<Text
        ohos:id = "$ + id:ScrollingText"
        ohos:height = "match_parent"
```

```
            ohos:width = "match_parent"
            ohos:auto_scrolling_count = "unlimited"
            ohos:auto_scrolling_duration = "2000"
            ohos:text = "驴游游,您身边的旅游网站!"
            ohos:text_color = "#FF00FF40"
            ohos:text_font = "monospace"
            ohos:text_size = "30vp"
            ohos:truncation_mode = "auto_scrolling">
    </Text>
```

3. 轮播图

用界面滑动组件提供模板,渲染和装饰后端的适配器。

```
< PageSlider
        ohos:id = " $ + id:img_page_slider"
        ohos:height = "150vp"
        ohos:width = "match_parent"
        ohos:background_element = " #ffffff"
        ohos:top_margin = "15vp">
</PageSlider>
```

4. 按钮

设计四个按钮,前三个地区按钮在一行,用一行三列的垂直布局将三者装填即可实现。另外,使用自制的背景模板 button_beautify.xml,该模板保存在 graphic 文件中。

```
< Button
        ohos:id = " $ + id:jump4"
        ohos:height = "50vp"
        ohos:width = "300vp"
        ohos:background_element = " $ graphic:button_beautify"
        ohos:text = "我喜欢"
        ohos:text_color = "#FF00FF40"
        ohos:text_size = "25vp"></Button>
button_beautify.xml:
<?xml version = "1.0" encoding = "utf - 8"?>
< shape
        xmlns:ohos = "http://schemas.huawei.com/res/ohos"
        ohos:shape = "rectangle"
        >
        <!-- 设置边框 -->
        < stroke
            ohos:color = "#21A8F0"
            ohos:width = "3vp"/>
        <!-- 设置圆角 -->
        < corners
            ohos:radius = "15vp"/>
        <!-- 设置颜色 -->
        < solid
            ohos:color = "#FF00C4FF"
            />
    </shape>
```

5. 滚动显示

用一列两个表单组件将之前设计的景点模板作为对象进行逐个装填,由于首页上方已经用掉大量空间,可能显示不全,所以用滚动组件包裹,这样下滑时可以看到其他景点。

```
< ScrollView
    ohos:height = "match_parent"
    ohos:width = "match_parent">
    <!-- 使用一行两个的表格装载所有景点模板 -->
    < TableLayout
        ohos:id = " $ + id:scene_list_table"
        ohos:height = "match_content"
        ohos:width = "match_parent"
        ohos:column_count = "2"
        />
</ScrollView >
```

6. 详情页设计

整体布局由上往下分别为图片、景点名、地区名、介绍,对应后端中的各个元素,分别赋予它们 ID 后即可与类中的属性绑定,这里用垂直布局装填即可。注意:资源中的原图片大小可能各有差别,所以需要用 clip_center 进行居中缩放,根据长度设置自动换行。在最下方还要放置一个白色爱心图标,标识是否喜欢,双击会变红,再双击会变白。

```
<?xml version = "1.0" encoding = "utf - 8"?>
< DirectionalLayout
    xmlns:ohos = "http://schemas.huawei.com/res/ohos"
    ohos:id = " $ + id:dl"
    ohos:height = "match_parent"
    ohos:width = "match_parent"
    ohos:background_element = " $ media:background_detail"
    ohos:orientation = "vertical">
    <!-- 详情页中的图片 -->
    < DirectionalLayout
        ohos:height = "match_content"
        ohos:width = "match_parent"
        ohos:alignment = "center"
        ohos:background_element = " # 01000000">
        < Image
            ohos:id = " $ + id:img"
            ohos:height = "200vp"
            ohos:width = "200vp"
            ohos:scale_mode = "clip_center"
            />
    </DirectionalLayout >
    <!-- 详情页中的名称、地区及介绍,每个元素占一行,介绍通过多行控制保证文字能完全显示
(自动换行) -->
    < DirectionalLayout
        ohos:height = "match_content"
        ohos:width = "match_parent"
        ohos:alignment = "center"
```

```
        ohos:background_element = "#01000000">
        <Text
            ohos:id = "$ + id:DeatailSceneName"
            ohos:height = "match_content"
            ohos:width = "match_content"
            ohos:multiple_lines = "true"
            ohos:text = ""
            ohos:text_size = "20fp"/>
        <Text
            ohos:id = "$ + id:area"
            ohos:height = "match_content"
            ohos:width = "match_content"
            ohos:multiple_lines = "true"
            ohos:text = ""
            ohos:text_size = "20fp"/>
        <Text
            ohos:id = "$ + id:sceneintroduction"
            ohos:height = "match_content"
            ohos:width = "match_content"
            ohos:multiple_lines = "true"
            ohos:text = ""
            ohos:text_size = "20fp"/>
    </DirectionalLayout>
    <!-- 定义我喜欢的爱心图片,更改图片则交由 Java 进行,XML 中仅进行 ID 的定义以便于调用 -->
    <DirectionalLayout
        ohos:height = "match_content"
        ohos:width = "match_parent"
        ohos:alignment = "center"
        ohos:background_element = "#01000000">
        <Image
            ohos:id = "$ + id:heartimg"
            ohos:height = "match_content"
            ohos:width = "match_content"
            />
    </DirectionalLayout>
</DirectionalLayout>
```

7. 完整代码

完整代码见本书配套资源"文件 57"。

文件 57

18.3.2　后端开发

本部分包括轮播图设计、定义景点类并导入数据、数据载入前端的景点模板、单击事件绑定、各地区界面的景点导入与显示、我喜欢界面的景点导入与显示、详情页数据、详情页中我喜欢的逻辑设计和完整代码。

1. 轮播图设计

轮播图界面设计如下。

（1）定义轮播图界面对象。轮播图每页由图片及上方的文字组成,因此将它们放入一个类中便于调用。

```java
public class Page {
    private int image;
    private String name;
    public int getImage() {
        return image;
    }
    public void setImage(int image) {
        this.image = image;
    }
    public String getName() {
        return name;
    }
    public void setName(String name) {
        this.name = name;
    }
    public Page(int image, String name) {
        this.image = image;
        this.name = name;
    }
    @Override
    public String toString() {
        return "Page{" +
                "image = " + image +
                ", name = '" + name + '\'' +
                '}';
    }
}
```

（2）定义轮播图适配器（装饰器）。在适配器中采用 Java 代码动态创建子布局，也可以使用 XML 的方式创建子布局并进行加载。

```java
import java.util.List;
//定义一个pagesliderprovider的继承类
public class PageItemAdapter extends PageSliderProvider {
    private List<Page> pages;
    private AbilitySlice context;
    public PageItemAdapter(List<Page> pages, AbilitySlice context) {
        this.pages = pages;
        this.context = context;
    }
    @Override
    public int getCount() {
        return pages.size();
    }
    @Override
    public Object createPageInContainer(ComponentContainer componentContainer, int i) {
        Page page = pages.get(i);
        //创建图片组件
```

```
        Image image = new Image(context);
        //创建文本组件
        Text text = new Text(context);
        //设置图片平铺 Image 组件的所有宽高
        image.setScaleMode(Image.ScaleMode.STRETCH);
        //设置图片的宽高
        image.setLayoutConfig(
                new StackLayout.LayoutConfig(
                        StackLayout.LayoutConfig.MATCH_PARENT,
                        StackLayout.LayoutConfig.MATCH_PARENT));
        //添加图片
        image.setPixelMap(pages.get(i).getImage());
        StackLayout.LayoutConfig lc = new StackLayout.LayoutConfig(
                StackLayout.LayoutConfig.MATCH_PARENT,
                StackLayout.LayoutConfig.MATCH_CONTENT);
        //设置文本宽高
        text.setLayoutConfig(lc);
        //设置文本对齐方式
        text.setTextAlignment(TextAlignment.CENTER);
        //设置文本文字
        text.setText(pages.get(i).getName());
        //设置文本大小
        text.setTextSize(80);
        //设置相对于其他组件的对齐方式
        //设置文字颜色为白色
        text.setTextColor(Color.BLACK);
        //设置文本背景颜色
        RgbColor color = new RgbColor(0,255,255);
        ShapeElement se = new ShapeElement();
        se.setRgbColor(color);
        text.setBackground(se);
        //创建层布局
        StackLayout sl = new StackLayout(context);
        sl.setLayoutConfig(new StackLayout.LayoutConfig(StackLayout.LayoutConfig.MATCH_
PARENT,
                StackLayout.LayoutConfig.MATCH_PARENT));
        //将图片和文本组件添加至层布局
        sl.addComponent(image);
        sl.addComponent(text);
        //将层布局放入滑页组件中
        componentContainer.addComponent(sl);
        return sl;
    }
    @Override
    public void destroyPageFromContainer(ComponentContainer componentContainer, int i,
Object o) {
        //滑出屏幕的组件进行移除
        componentContainer.removeComponent((Component) o);
    }
    @Override
```

```
public boolean isPageMatchToObject(Component component, Object o) {
    //判断滑页上每页的组件和内容是否保持一致
    return true;
}
}
```

（3）主界面中进行加载和实例化。在主界面中定义适配器，重写 onstart 方法，然后导入数据实体化类，加载主布局，根据添加 ID 进行轮播图的渲染。

```
//调用已经创建完成的适配器
private PageItemAdapter adapter;
//定义轮播图的类
private int[] sliderimages = {
        ResourceTable.Media_slider_beijing,
        ResourceTable.Media_slider_changchun,
        ResourceTable.Media_slider_shanghai,
};
private String[] slidernames = {
        "北京",
        "长春",
        "上海",
};
//用 List 定义一个具有 page 结构的数组 pages
private List<Page> pages = new ArrayList<>();
//定义一个初始化变量,存储所有的轮播图,封装函数
private void initPage() {
    //用循环一次性导入全部图片及文字
    for (int i = 0; i < sliderimages.length; i++) {
        Page page = new Page(sliderimages[i], slidernames[i]);
        pages.add(page);
    }
}
//渲染轮播图
//根据 ID 获得滑动界面组件对象
PageSlider ps = this.findComponentById(ResourceTable.Id_img_page_slider);
//初始化图片和文字数据封装在集合中
initPage();
//创建适配器对象,将当前界面对象和封装好的集合进行发送
adapter = new PageItemAdapter(pages, this);
//将适配器加载至滑动组件上,完成同步组装
ps.setProvider(adapter);
```

2. 定义景点类并导入数据

定义景点类并导入数据的步骤如下。

（1）景点需要的属性有 ID（唯一标识符）、名称、所在地区、景点介绍及用来标记是否喜欢的一个变量，将变量输入后，用快捷键获得全构造、空构造，以及所有属性的 get/set 方法，以便进行函数调用。

```
public class scene_info {
```

```
public int id;
public int imgsourceid;
public String scenename;
public int flag;
public String areaname;
public String introductions;
public scene_info() {
}
public int getId() {
    return id;
}
public void setId(int id) {
    this.id = id;
}
public int getImgsourceid() {
    return imgsourceid;
}
public void setImgsourceid(int imgsourceid) {
    this.imgsourceid = imgsourceid;
}
public String getScenename() {
    return scenename;
}
public void setScenename(String scenename) {
    this.scenename = scenename;
}
public int getFlag() {
    return flag;
}
public void setFlag(int flag) {
    this.flag = flag;
}
public String getAreaname() {
    return areaname;
}
public void setAreaname(String areaname) {
    this.areaname = areaname;
}
public String getIntroductions() {
    return introductions;
}
public void setIntroductions(String introductions) {
    this.introductions = introductions;
}
public scene_info(int id, int imgsourceid, String scenename, int flag, String areaname,
String introductions) {
    this.id = id;
    this.imgsourceid = imgsourceid;
    this.scenename = scenename;
    this.flag = flag;
```

```
        this.areaname = areaname;
        this.introductions = introductions;
    }
}
```

（2）由于介绍数据长，所有景点实例化后，全部保存在一个 txt 中。通过文件流读取后，将其分割成相应景点数的多个元素，保存在一个数组中，需要调用哪个景点的介绍，只需将数组索引和景点 ID 匹配即可。使用文件流导入的 split 函数进行文本拆分，只要在文本中设置明显的标识符"---"，进行文本的切割即可。

```
static String[] introductions;
//载入介绍文本
try {
    StringBuilder sb = new StringBuilder();
    //资源管理器
    Resource resource = this.getResourceManager().getResource(ResourceTable.Profile_
introductions);
    //因为 resource 是一个字节流,读取文件中的内容
    BufferedReader br = new BufferedReader(new InputStreamReader(resource));
    String line;
    while ((line = br.readLine()) != null) {
        sb.append(line);
    }
    //释放资源
    br.close();
    //当代码执行到这里时,资源文件 introduction.txt 中的内容全部读取到 sb 当中
    //利用 --- 将数据进行切割,分成 15 个介绍
    introductions = sb.toString().split(" --- ");
} catch (IOException e) {
    e.printStackTrace();
} catch (NotExistException e) {
    e.printStackTrace();
}
```

（3）景点信息实例化。将需要的图片保存在 media 文件夹中，可以用 Resourcetable 读取一个整形并直接调用资源。完成图片导入后，静态图片和导入文字通过绑定，找到相应的对象即可实现一一对应。

对于景点信息的导入，使用 List 新建以景点信息为模板类的列表对象，使用 list.add 逐条导入。注意：可以使用快捷键了解当前输入的是什么属性。另外，List 对象应设置为全局变量，因为不仅在主能力中使用，其他分地区的能力也会不停调用该变量。表示是否喜欢标识符 flag，存储在一个名为 save 的全局变量中，在景点类的实例化中，每个实例的 flag 就是该数组对应索引的元素。

```
static ArrayList < scene_info > list = new ArrayList <>();
List < scene_info > scenes = getData();
    //添加图片信息
public List < scene_info > getData() {
```

```
//定义一个数组和集合,用来存储所有图片,可以使用ctrl+p查询当前要添加的属性
    list.add(new scene_info(1, ResourceTable.Media_1, "故宫", save[0], "北京",
introductions[0]));
    list.add(new scene_info(2, ResourceTable.Media_2, "颐和园", save[1], "北京",
introductions[1]));
    list.add(new scene_info(3, ResourceTable.Media_3, "长城", save[2], "北京",
introductions[2]));
    list.add(new scene_info(4, ResourceTable.Media_4, "恭王府", save[3], "北京",
introductions[3]));
    list.add(new scene_info(5, ResourceTable.Media_5, "圆明园", save[4], "北京",
introductions[4]));
    list.add(new scene_info(6, ResourceTable.Media_6, "伪满皇宫博物馆", save[5], "长春",
introductions[5]));
    list.add(new scene_info(7, ResourceTable.Media_7, "世界雕塑公园", save[6], "长春",
introductions[6]));
    list.add(new scene_info(8, ResourceTable.Media_8, "净月潭国家公园", save[7], "长春",
introductions[7]));
    list.add(new scene_info(9, ResourceTable.Media_9, "长影世纪城", save[8], "长春",
introductions[8]));
    list.add(new scene_info(10, ResourceTable.Media_10, "长春电影制片厂", save[9], "长春",
introductions[9]));
    list.add(new scene_info(11, ResourceTable.Media_11, "外滩", save[10], "上海",
introductions[10]));
    list.add(new scene_info(12, ResourceTable.Media_12, "东方明珠电视塔", save[11], "上
海", introductions[11]));
    list.add(new scene_info(13, ResourceTable.Media_13, "迪士尼度假区", save[12], "上海",
introductions[12]));
    list.add(new scene_info(14, ResourceTable.Media_14, "城隍庙", save[13], "上海",
introductions[13]));
    list.add(new scene_info(15, ResourceTable.Media_15, "上海野生动物园", save[14], "上
海", introductions[14]));
    return list;
}
```

3. 数据载入前端的景点模板

根据前端定义模板的 ID 进行寻找,找到组件后,使用 getInstance 进行实例化,由于有多个实例,所以需要在外面添加一个循环,每循环一次获得一个景点。但仅仅传递模板不够,还需要将每个模板中的图片和文字实例化。

```
TableLayout tablelayout = findComponentById(ResourceTable.Id_scene_list_table);
for (scene_info scene_info : scenes) {
    //每循环一次获取一个景点,找到数据
    Component template = LayoutScatter.getInstance(this).parse(ResourceTable.Layout_scene_
info_template, null, false);
    //分别提取表格模板中的图片和文字(名称)
    Image sceneimage = template.findComponentById(ResourceTable.Id_img);
    Text scenetext = template.findComponentById(ResourceTable.Id_scenename);
```

```
//数据传输到模板中
sceneimage.setPixelMap(scene_info.getImgsourceid());
scenetext.setText(scene_info.getScenename());
```

4．单击事件绑定

单击事件绑定通常有三步：一是找到需要绑定事件的组件；二是将 onstart 方法进行重写；三是添加单击事件，即单击后需要发生的动作。

主页中单击事件步骤如下。

（1）在 onstart 类内调用一次单击事件，该事件用于跳转至详情页（同一 Ability 中的不同 slice），所以单击后不仅要进行跳转，还需要传递一个显示当前单击景点的 ID 给详情页，使其显示当前景点的详情。

```
tablelayout.addComponent(template);
        //设置单击后发生的事件,向详情模板传送一个数字密钥(景点的主码)
template.setClickedListener(component -> {
        //系统命令行显示密钥,便于调试
        System.out.println(">>>>>>>>>>>>>>>>>>>>>" + scene_info.getId());
        //调用意图函数
        Intent i = new Intent();
        //这个密钥随着单击的景点改变而改变,从而决定详情页显示
        i.setParam("sceneid", scene_info.getId());
        present(new DetailAbilitySlice(), i);
```

（2）在监听类中定义四个按钮的单击事件。

```
        //找到 button ID
jump1 = findComponentById(ResourceTable.Id_jump1);
jump2 = findComponentById(ResourceTable.Id_jump2);
jump3 = findComponentById(ResourceTable.Id_jump3);
jump4 = findComponentById(ResourceTable.Id_jump4);
jump1.setClickedListener(this);
jump2.setClickedListener(this);
jump3.setClickedListener(this);
jump4.setClickedListener(this);
        //单击组件后会执行的代码
public void onClick(ohos.agp.components.Component component) {
        if (component == jump1) {
        //单击按钮 1,进入 beijingability
        //使用意图进行跳转的初始化
        Intent i = new Intent();
        Operation operation = new Intent.OperationBuilder()
                .withDeviceId("")
                .withBundleName("com.example.myapplication.hmservice")
                .withAbilityName("com.example.myapplication.BeijingAbility")
                .build();
        i.setOperation(operation);
        startAbility(i);
    } else if (component == jump2) {
        //单击按钮 2,进入 changchunability
```

```
//使用意图进行跳转的初始化
Intent i = new Intent();
Operation operation = new Intent.OperationBuilder()
        .withDeviceId("")
        .withBundleName("com.example.myapplication.hmservice")
        .withAbilityName("com.example.myapplication.ChangchunAbility")
        .build();
i.setOperation(operation);
startAbility(i);
} else if (component == jump3) {
    //单击按钮3,进入shanghaiability
    //使用意图进行跳转的初始化
    Intent i = new Intent();
    Operation operation = new Intent.OperationBuilder()
            .withDeviceId("")
            .withBundleName("com.example.myapplication.hmservice")
            .withAbilityName("com.example.myapplication.ShanghaiAbility")
            .build();
    i.setOperation(operation);
    startAbility(i);
} else if (component == jump4) {
    //单击按钮4,进入mylikeability
    //使用意图进行跳转的初始化
    Intent i = new Intent();
    Operation operation = new Intent.OperationBuilder()
            .withDeviceId("")
            //bundlename从config中获取
            .withBundleName("com.example.myapplication.hmservice")
            //abilityname从config中获取
            .withAbilityName("com.example.myapplication.MyLikeAbility")
            .build();
    i.setOperation(operation);
    startAbility(i);
}
}
```

（3）在监听类定义一个文本组件的单击事件。作用是单击抬头的标语,需要使标语触发无条件、无休止滚动效果。

```
scrollingText = findComponentById(ResourceTable.Id_ScrollingText);
scrollingText.setClickedListener(this);
public void onClick(ohos.agp.components.Component component) {
//单击text,则开始滚动
//先进行强转
Text t = (Text) component;
t.startAutoScrolling();
}
```

5. 各地区界面的景点导入与显示

进入各地区界面后,是一个显示几个景点的列表,与首页设计中下半部分的推荐景点设计一致,只在数据导入有差别。以北京地区为例,需要调用全局变量 List,并且只导入 List 中和北京有关的景点,用一个循环选出即可。

```
//使用 getdata 数据获取函数,从静态变量 List 中调用五个属于北京的景点
private List < scene_info > getData() {
    //定义一个数组和集合用来存储所有图片
    ArrayList < scene_info > beiJingList = new ArrayList <>();
    //每循环一次,添加 List 中的一组数据
    for (int i = 0; i < 5; i++) { //集合索引从 0 开始
        beiJingList.add(list.get(i));
    }
    return beiJingList;
}
```

6. 我喜欢界面的景点导入与显示

我喜欢界面中只显示喜欢的景点,而喜欢的景点是由属性中的喜欢标识符(flag)决定的,所以只需要在显示前进行一次 get 方法的调用,获取每个景点的当前 flag,并且用条件语句进行限制,在显示 flag 为 1 时,进行数据载入即可。

```
for (scene_info scene_info : scenes) {
    //每循环一次获取一个商品,找到数据
    Component template = LayoutScatter.getInstance(this).parse(ResourceTable.Layout_scene_
info_template, null, false);
    Image sceneimage = template.findComponentById(ResourceTable.Id_img);
    Text scenetext = template.findComponentById(ResourceTable.Id_scenename);
    //数据传到模板中,由于我喜欢的列表只需要显示被喜欢过的景点,所以要通过 get 接口得到当
    //前每个景点的喜欢状态,只显示 flag = 1 的景点
    if (scene_info.getFlag() == 1) {
        //图片
        sceneimage.setPixelMap(scene_info.getImgsourceid());
        //景点名
        scenetext.setText(scene_info.getScenename());
        //表格模板
        tablelayout.addComponent(template);
        //设置单击后发生的事件,向详情模板传送一个数字密钥
        template.setClickedListener(component -> {
            //系统命令行显示密钥,便于调试
            System.out.println(">>>>>>>>>>>>>>>>>>>>>>" + scene_info.getId());
            //调用意图函数
            Intent i = new Intent();
            //密钥随着单击的景点改变而改变,决定详情页显示
            i.setParam("sceneid", scene_info.getId());
            present(new DetailAbilitySlice(), i);
        });
```

7. 详情页数据

详情页数据接收与显示具体步骤如下。

(1) 其他界面跳转详情页时,会向详情页传递一个标识当前单击景点 ID 的密钥,决定详情页的显示,所以在详情页需要将该密钥接收,并将其翻译成对应的景区 ID(实际上减 1

即可获得景区ID），获得ID后，调用get方法，找到景区所有相关属性，包括景点名、介绍等。

```
//获得景点 ID,确定显示的是哪个景点
Integer sceneid = ((Integer) intent.getParams().getParam("sceneid")) - 1;
System.out.println(">>>>>>>>>>>>>>>>>>>>>>>" + sceneid);
```

（2）找到前端定义的图片和文字组件等，使用get方法获得ID的介绍，将内容赋予组件，完成实例化并显示。

```
//找到每个组件
img = findComponentById(ResourceTable.Id_img);
introduction = findComponentById(ResourceTable.Id_sceneintroduction);
area = findComponentById(ResourceTable.Id_area);
scenename = findComponentById(ResourceTable.Id_DeatailSceneName);
//ID具象化到 si,通过调用 si 获得景点的各项属性
scene_info si = list.get(sceneid);
//get 方法
img.setImageAndDecodeBounds(si.getImgsourceid());
//get 方法,在类中定义
scenename.setText("景点名:" + si.getScenename());
//settext 函数直接进行文字显示(Java),不用 XML
area.setText("地区:" + si.getAreaname());
introduction.setText("介绍:" + si.getIntroductions());
```

8. 详情页中我喜欢的逻辑设计

对于详情页的点赞，遵循逻辑如下：当用户喜欢某个景点后，退出该景点的详情页，再次进入该景点，仍然显示喜欢，同时，我喜欢界面中也显示该景点。除非用户主动进行景点的取消喜欢，否则该景点始终处于喜欢状态，不会因为喜欢或取消喜欢了其他景点而改变。

设计时需要注意几点：首先，每次进入详情界面前，通过get方法获得当前的flag（是否喜欢的标识），通过该标识确认当前详情页是该显示红色的爱心（喜欢），还是白色的爱心（不喜欢）；然后，当通过双击屏幕动作改变该景点喜欢的状态（flag）后，需要将该状态改变的信息传递给景点List中的flag，那么下次读取flag时，flag的状态已经改变。具体步骤如下。

（1）确定当前景点是否是喜欢的状态，并保存景点ID，用以在双击后改变对应ID的flag。

```
//将是否喜欢改变成存储的信息
si.setFlag(save[sceneid]);
//使用变量保存景点 ID,以便改变该景点的 flag
signal = sceneid;
//获取目前的 flag
fg = si.getFlag();
```

（2）找到图片组件，并将资源文件夹中的白爱心图片和红爱心图片赋予该组件，通过条件语句控制不同的flag情况显示不同的爱心颜色。

```
//找图片组件
heartimage = findComponentById(ResourceTable.Id_heartimg);
```

```
//如果得到的 flag 为 0,则证明当前不喜欢,那么显示的就是白色爱心
if (si.getFlag() == 0) {
    heartimage.setImageAndDecodeBounds(ResourceTable.Media_white);
    fg = 0;
} else {
    //如果得到的 flag 为 1,则显示红色
    heartimage.setImageAndDecodeBounds(ResourceTable.Media_red);
    fg = 1;
}
;
```

（3）绑定双击事件,找到铺满屏幕的布局对象从而找到屏幕对象,重写 onstart 方法(注意这里是双击的方法),设置监听函数为整个屏幕添加双击事件。

```
//找到铺满屏幕的布局对象
DirectionalLayout dl = findComponentById(ResourceTable.Id_dl);
//对布局添加双击事件
dl.setDoubleClickedListener(this);
```

（4）设置双击后的动作,如果当前的 flag 是 0,那么双击后会变成 1,且爱心变红;如果当前 flag 是 1,双击后先变成 0,然后变白。同时,也要调用之前存储的景区 ID,来改变对应 ID 的 flag 状态,该状态存储在 save 的全局变量下,在景点类的实例化中,每个实例的 flag 是该数组对应索引的元素,这样在下次进入界面时,flag 被更新。

```
public void onDoubleClick(Component component) {
    if (fg == 0) {
        //如果当前 fg 为 0,双击后应该发生 fg 变为 1,且图片变为红(喜欢状态)
        heartimage.setImageAndDecodeBounds(ResourceTable.Media_red);
        fg = 1;
        //将新的 fg 状态传输到存储状态的数组中
        save[signal] = fg;
    } else {
        //如果当前 fg 为 1,双击后发生 fg 变为 0,且图片变为白色(不喜欢状态)
        heartimage.setImageAndDecodeBounds(ResourceTable.Media_white);
        fg = 0;
        //将新的 fg 状态传输到存储状态的数组中
        save[signal] = fg;
    }
}
```

9. 完整代码
完整代码见本书配套资源"文件58"。

文件 58

18.4　成果展示

打开 App,首页界面两种轮播图和三个地区界面分别如图 18-4 和图 18-5 所示。

假设喜欢长城,可以看到长城界面爱心变红,同时长城就会出现在我喜欢界面中,但没

图 18-4　首页及其轮播图

图 18-5　地区界面

有被喜欢的故宫等地均未出现,如图 18-6 所示;取消喜欢长城,而喜欢故宫和颐和园,那么我喜欢界面就只会出现故宫和颐和园,如图 18-7 所示。

图 18-6　我喜欢界面

图 18-7　取消喜欢后的界面

项目 19

视 频 播 放

本项目通过鸿蒙系统开发工具 DevEco Studio，基于 Java 开发一款视频播放 App，实现播放视频跨设备迁移功能。

19.1 总体设计

本部分包括系统架构和系统流程。

19.1.1 系统架构

系统架构如图 19-1 所示。

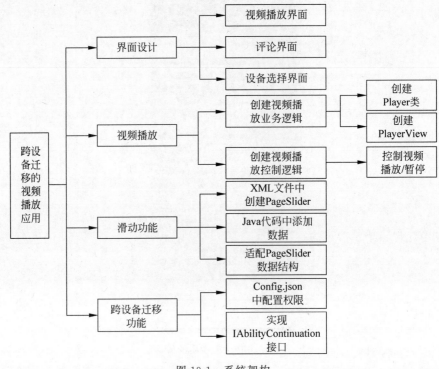

图 19-1 系统架构

19.1.2　系统流程

系统流程如图 19-2 所示。

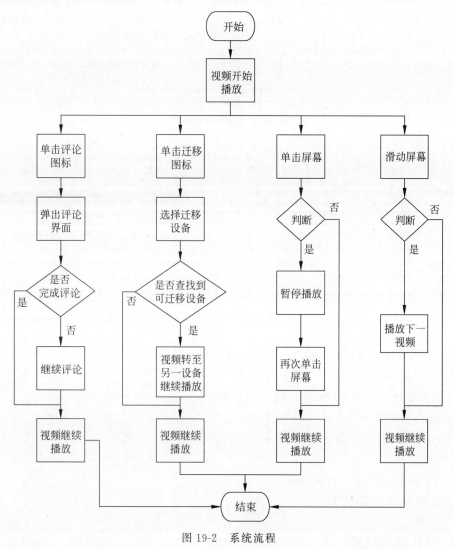

图 19-2　系统流程

19.2　开发工具

本项目使用 DevEco Studio 开发工具,环境准备流程如图 19-3 所示。

(1) 本项目在 Windows 环境下运行,DevEco Studio 的编译构建依赖 JDK,DevEco Studio 预置 Open JDK,版本为 1.8,安装过程会自动安装 JDK。步骤如下：①进入 HUAWEI DevEco Studio 产品页,单击下载按钮,下载 DevEco Studio；②下载完成后,双击

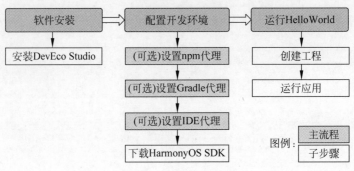

图 19-3　环境准备流程

下载 的 deveco-studio-xxxx. exe，进入 DevEco
Studio 安装向导，在安装界面勾选 DevEco Studio
后，单击 next，直至安装完成。

（2）本项目使用 Java 语言进行开发，需下载
Node. js 并进行相关环境的配置。

（3）下载 HarmonyOS SDK，配置 HDC 工具
环境变量、DevEco Studio、NPM 和 Gradle 代理。

（4）DevEco Studio 开发环境配置完成后，通过
运行 Hello World 工程验证环境设置是否正确。
以 Phone 工程为例，在远程模拟器中运行该工程。

（5）Hello World 运行成功后，正式进入开发环
节，创建一个新工程，选择模板，本项目选择 Empty
Ability。单击 next，进入配置界面，设置文件名称、存
储路径，并选择开发语言为 Java。

（6）单 击 finish，创建后的应用目录结构如
图 19-4 所示。

（7）在 src/main/java 和 main/resources/layout
目录下进行视频播放的应用开发。

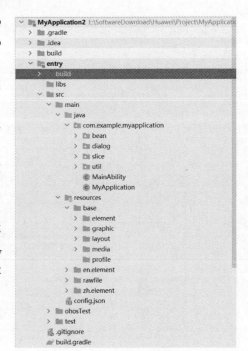

图 19-4　应用目录结构

19.3　开发实现

本项目包括界面设计和程序开发，下面分别给出各模块的功能介绍及相关代码。

19.3.1　界面设计

本部分包括图片导入、界面布局和完整代码。

1．图片导入

选好图片（.png 格式）作为按钮的图标，以体现设备及功能，保存在 java/main/resources/media 文件夹下，如图 19-5 所示。

2．界面布局

跨设备迁移视频播放应用的界面布局见本书配套资源"文件 59"。

3．完整代码

界面设计完整代码见本书配套资源"文件 60"。

图 19-5　图片导入

19.3.2　程序开发

本部分包括视频播放、上下滑动界面、跨设备迁移和完整代码。

1．视频播放

创建视频播放业务逻辑和控制业务逻辑，相关代码见本书配套资源"文件 61"。

2．上下滑动页面

利用组件 PageSlider，通过响应滑动事件完成界面间切换，相关代码见本书配套资源"文件 62"。

3．跨设备迁移

跨设备迁移支持将 Page 在同一用户的不同设备间迁移，以便支持用户无缝切换的诉求。例如，将 Page 从设备 A 迁移到设备 B 步骤如下：①设备 A 上的 Page 请求迁移；②HarmonyOS 处理迁移任务，并回调设备 A 上 Page 的保存数据方法，用于保存迁移必需的数据；③HarmonyOS 在设备 B 上启动同一个 Page，并回调其恢复数据方法，相关代码见本书配套资源"文件 63"。

4．完整代码

程序开发完整代码见本书配套资源"文件 64"。

19.4　成果展示

打开 App，应用初始界面如图 19-6 所示；软件初始时会申请多设备协同的权限，选择始终允许后会出现视频播放界面，如图 19-7 所示；当单击右下角评论图时，会出现评论区，如图 19-8 所示。

在评论框输入评论，单击发送后，会出现评论界面，如图 19-9 所示；当单击右上角设备迁移，出现选择设备的弹窗，如图 19-10 所示；当滑动屏幕，播放下一视频，如图 19-11 所示。

文件 59

文件 60

文件 61

文件 62

文件 63

文件 64

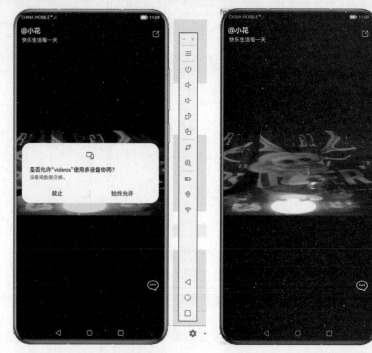

图 19-6　应用初始界面　　　　　　　　图 19-7　视频播放界面

图 19-8　评论区界面　　　　　　　　图 19-9　视频播放界面

图 19-10　设备选择界面　　　　　图 19-11　播放下一视频

项目 20

音 乐 播 放

本项目通过鸿蒙系统开发工具 DevEco Studio,基于 Java 开发一款音乐播放器 App,实现个性音乐播放功能。

20.1　总体设计

本部分包括系统架构和系统流程。

20.1.1　系统架构

系统架构如图 20-1 所示。

20.1.2　系统流程

系统流程如图 20-2 所示。

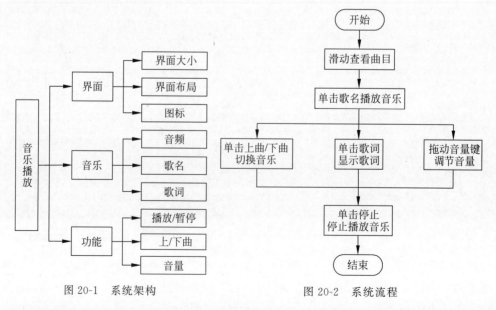

图 20-1　系统架构　　　　　图 20-2　系统流程

20.2　开发工具

本项目使用 DevEco Studio 开发工具,安装过程如下。

(1) 注册开发者账号,完成注册并登录,在官网下载 DevEco Studio 并安装。

(2) 下载并安装 Node. js。

(3) 新建设备类型和模板,首先,设备类型选择 Phone;然后,选择 Empty Ability (Java);最后,单击 Next 并填写相关信息。

(4) 创建后的应用目录结构如图 20-3 所示。

图 20-3　应用目录结构

(5) 在 src/main/java 目录下进行个人音乐播放器的应用开发。

20.3　开发实现

本项目包括界面设计和程序开发,下面分别给出各模块的功能介绍及相关代码。

20.3.1　界面设计

本部分包括图片导入、界面布局和完整代码。

1. 图片导入

首先,将选好的界面图片导入 project 中;然后,将选好的应用图标、音量图标等文件(. png 格式)保存在 main/resources/base/media 文件夹下,如图 20-4 所示。

图 20-4　图片导入

2．界面布局

音乐播放器的界面布局设计如下。

（1）设置界面尺寸、背景颜色。

```
< DirectionalLayout
    xmlns:ohos = "http://schemas.huawei.com/res/ohos"
    ohos:height = "match_parent"
    ohos:width = "match_parent"
    ohos:alignment = "center"
    ohos:background_element = "#b0c1c7"
    ohos:orientation = "vertical">
```

（2）设置上曲、下曲、停止、歌词四个按键的布局（以上曲为例，其余按键类似）。

```
< Button
    ohos:id = " $ + id:up"
    ohos:text = "上曲"
    ohos:background_element = " $ graphic:background_ability_record_slice"
    ohos:height = "35vp"
    ohos:text_size = "23fp"
    ohos:width = "60vp"/>
```

（3）设置音量滑动条的位置、颜色等。

```
< Image
    ohos:background_element = " $media:audio"
    ohos:layout_alignment = "vertical_center"
    ohos:height = "30fp"
    ohos:width = "30fp"/>
    < Slider
        ohos:layout_alignment = "vertical_center"
        ohos:orientation = "horizontal"
        ohos:min = "0"
        ohos:max = "10"
        ohos:id = " $ + id:slider"
        ohos:progress = "6"
        ohos:background_element = " #ff"
        ohos:progress_color = " #ff00ff"
        ohos:height = "match_content"
        ohos:width = "200vp"/>
```

（4）设置歌名列表的字号、颜色等。

```
< Text
    ohos:id = " $ + id:musicList"
    ohos:height = "match_content"
    ohos:width = "match_content"
    ohos:text = "music1"
    ohos:layout_alignment = "horizontal_center"
    ohos:text_color = " #000"
    ohos:text_size = "40vp"/>
```

（5）设置歌词的字号、颜色等。

```
< Text
    ohos:height = "match_content"
    ohos:width = "350vp"
    ohos:top_padding = "20fp"
    ohos:id = " $ + id:musicwordtxt"
    ohos:text_size = "16fp"
    ohos:text = "歌词在这里"
    ohos:multiple_lines = "true"
    ohos:text_color = " #FF5B9B34"/>
```

3. 完整代码

界面设计完整代码见本书配套资源"文件65"。

文件65

20.3.2　程序开发

本部分包括程序初始化、停止播放音乐、显示歌词、切换上曲/下曲、调节音量、歌单列表和完整代码。

1. 程序初始化

对 App 进行初始化设置。

```
public class MainAbilitySlice extends AbilitySlice {
    @Override
    public void onStart(Intent intent) {
        super.onStart(intent);
        super.setUIContent(ResourceTable.Layout_ability_main);
        //super.setUIContent(ResourceTable.Layout_ability_record_slice);
        final Text record = (Text) findComponentById(ResourceTable.Id_text_helloworld);
        record.setClickedListener(component -> {
            present(new RecordSliceSlice(), new Intent());
        });
    }
    @Override
    public void onActive() {
        super.onActive();
    }
    @Override
    public void onForeground(Intent intent) {
        super.onForeground(intent);
    }
}
```

2. 停止播放音乐

单击停止按钮停止播放音乐。

```
stop.setClickedListener(new Component.ClickedListener() {
    @Override
```

```
    public void onClick(Component component) {
        stopPlayMp3();}
});
```

3. 显示歌词

每首歌曲都已导入对应的歌词,单击歌词按钮显示歌词。

```
wordbtn.setClickedListener(new Component.ClickedListener() {
    @Override
    public void onClick(Component component) {
        try {
            InputStream inputStream = RecordSliceSlice.this.getResourceManager().
getRawFileEntry(fw).openRawFile();
            BufferedReader bufferedReader = new BufferedReader(new InputStreamReader
(inputStream));
            String line;
            StringBuilder stringBuilder = new StringBuilder();
            while((line = bufferedReader.readLine())!= null){
                stringBuilder.append(line);
            }
            wordtext.setText("" + stringBuilder);
            bufferedReader.close();
        } catch (IOException e) {
            e.printStackTrace();
            new ToastDialog(RecordSliceSlice.this).setText("文件没找到").show();      //s
        }
    }
});
```

4. 切换上曲/下曲

单击上曲/下曲按钮进行切换,此处以切换上曲为例。

```
up.setClickedListener(new Component.ClickedListener() {
    @Override
    public void onClick(Component component) {
        stopPlayMp3();
        curId = curId - 1;
        MusicItem musicItem = (MusicItem) listContainer.getItemProvider().getItem(curId);
        String pup = String.format("entry/resources/rawfile/%s.mp3", musicItem.
getMusictName());
        try {
            //获取项目中测试的音频
            ResourceManager resourceManager = getAbilityPackageContext().getResourceManager();
            RawFileDescriptor filDescriptor = resourceManager.getRawFileEntry(pup).
openRawFileDescriptor();
            if(player!= null&&player != null && player.isNowPlaying()){
```

```
            player.stop();
        }
        player = new Player(getContext());
        //从输入流获取 FD 对象
        player.setSource(filDescriptor);
        player.prepare();
        player.play();
        player.setVolume(value);
    } catch (IOException e) {
        e.printStackTrace();
    }
    }
});
```

5. 调节音量

拖动音量滑动条增大/减小音量。

```
slider.setValueChangedListener(new Slider.ValueChangedListener() {
    @Override
    public void onProgressUpdated(Slider slider, int i, boolean b) {
        int volumeValue = slider.getProgress() % 10;
        float v1 = volumeValue * 0.1f;
        value = (Float)v1;
        if(value >= 0.8f)
        {
            value = 0.8f;
        }
        if(slider.getProgress() == 10){
            value = 1.0f;
        }
        if(player!= null&&player != null && player.isNowPlaying()){
            // player.stop();
            player.setVolume(value);
        }
    }
}
```

6. 歌单列表

滑动查看整个歌单列表,单击歌曲名进行播放。

```
private void BindListContainer(){

listContainer = (ListContainer)findComponentById(ResourceTable.Id_Listcontainer);
    List < MusicItem > list = getData();
    musicItemProvider = new MusicProvider(list,this);
    listContainer.setItemProvider(musicItemProvider);
    listContainer.setItemClickedListener((container,component,position,id) ->{
        stopPlayMp3();
        MusicItem musicItem = (MusicItem) listContainer.getItemProvider().getItem(position);
```

```
new ToastDialog(this)
        .setText(musicItem.getMusictName())
        .setAlignment(LayoutAlignment.CENTER).show();
String pe = String.format("entry/resources/rawfile/%s.mp3",musicItem.getMusictName());
fw = String.format("entry/resources/base/profile/%s.txt",musicItem.getMusictName());
curId = musicItem.getMusicId();
try {
    //获取项目中测试的音频
    ResourceManager resourceManager = getAbilityPackageContext().getResourceManager();
        RawFileDescriptor filDescriptor = resourceManager.getRawFileEntry(pe).
openRawFileDescriptor();
        if(player!= null&&player != null && player.isNowPlaying()){
            player.stop();
        }
        player = new Player(getContext());
        //从输入流获取 FD 对象
        player.setSource(filDescriptor);
        player.prepare();
        player.play();
        player.setVolume(value);
    } catch (IOException e) {
        e.printStackTrace();
    }
});
}
private ArrayList<MusicItem> getData(){
    ArrayList<MusicItem> list = new ArrayList<>();
    for(int i = 1;i <= 3;i++) {
        //添加数据
        list.add(new MusicItem("music" + i, i));
    }
    list.add(new MusicItem("HotMoment",4 ));
    list.add(new MusicItem("Twinbee",5 ));
    list.add(new MusicItem("FryTheSnowflakes",6 ));
    list.add(new MusicItem("Dengdeng",7 ));
    return list;
}
```

7. 完整代码

程序开发完整代码见本书配套资源"文件 66"。

文件 66

20.4 成果展示

打开 App,滑动列表可查看整个歌单,单击歌曲名进行播放,如图 20-5 所示;单击"停止"按钮暂停播放音乐,单击上曲/下曲按钮切换音乐,单击歌词按钮显示对应歌词,滑动音量条改变音量,如图 20-6 所示。

图 20-5 音乐播放界面

图 20-6 歌词显示界面

项目 21

原 神 抽 卡

本项目通过鸿蒙系统开发工具 DevEco Studio,基于 Java 开发一款原神抽卡模拟器,实现原神游戏的抽卡机制。

21.1 总体设计

本部分包括系统架构和系统流程。

21.1.1 系统架构

系统架构如图 21-1 所示。

21.1.2 系统流程

系统流程如图 21-2 所示;页面逻辑如图 21-3 所示。

21.2 开发工具

本项目使用 DevEco Studio 开发工具,环境准备流程如图 21-4 所示。

(1) 注册开发者账号,完成注册并登录,在官网下载 DevEco Studio 并安装。

(2) 下载 HarmonyOS SDK 及对应工具链。

(3) 新建设备类型和模板,首先,设备类型选择 Phone;然后,语言选择 Java,其他保持默认值即可;最后,单击 Finish。

(4) 创建后的应用目录结构如图 21-5 所示。

(5) 在 src/main/java 目录下进行原神抽卡机制的应用开发。

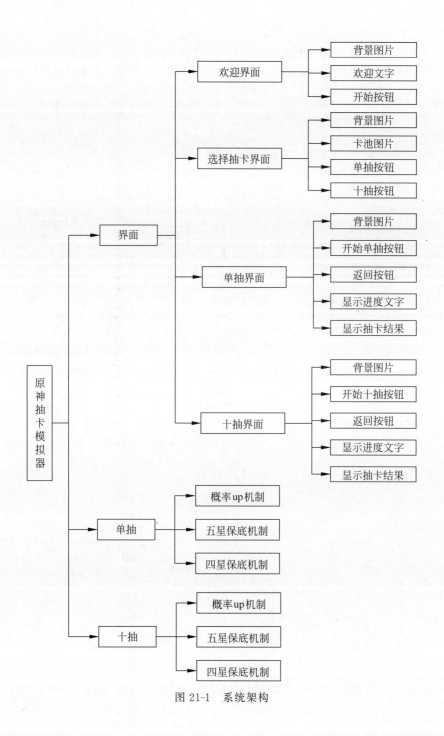

图 21-1 系统架构

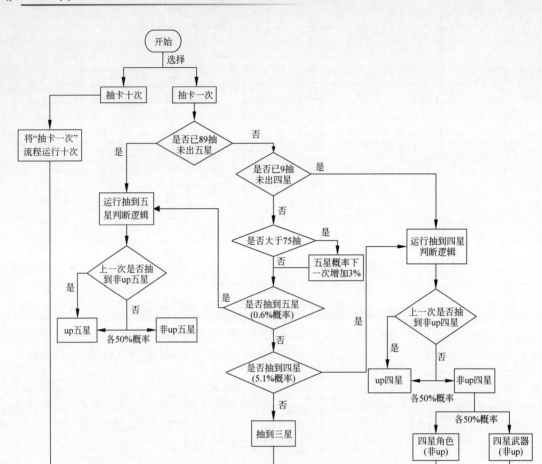

图 21-2　系统流程

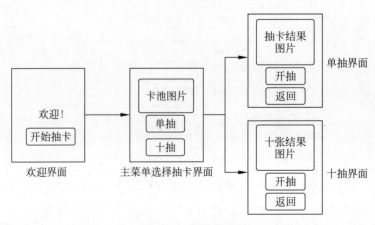

图 21-3　界面逻辑

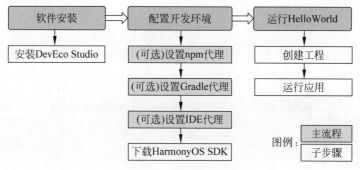

图 21-4　环境准备流程

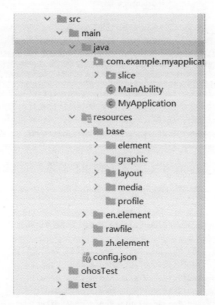

图 21-5　应用目录结构

21.3　开发实现

本项目包括界面设计和程序开发,下面分别给出各模块的功能介绍及相关代码。

21.3.1　界面设计

本部分包括图片导入、界面布局和完整代码。

1. 图片导入

首先,将修建好的抽卡武器图片、角色图片、背景图片(.png 格式)导入 src/main/ resources/base/media 文件夹下,如图 21-6 所示;然后,在需要抽取图片的相关 slice 中利用集合进行导入,如图 21-7 和图 21-8 所示。例如,背景图等无须更换的图片,直接在 image 组件中调用即可。

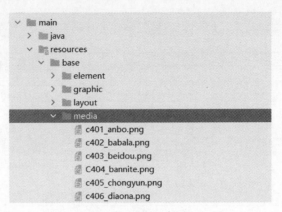

图 21-6 图片导入

```
public class singleResult extends AbilitySlice implements Component.ClickedListener {
//     变量定义
    static ArrayList<Integer> list3star =new ArrayList<>();//定义一个集合用来存储三星武器图片
    static ArrayList<Integer> list5starUp = new ArrayList<>();//五星up角色图片集合
    static ArrayList<Integer> list5star = new ArrayList<>();//五星普通角色图片集合（非up）
    static ArrayList<Integer> list4starUp = new ArrayList<>();//四星up角色图片集合
    static ArrayList<Integer> list4starc = new ArrayList<>();//四星普通角色集合（非up）
    static ArrayList<Integer> list4starw = new ArrayList<>();//四星普武器集合（非up）
```

图 21-7 新建存储图片的集合

```
//      在集合里添加武器与角色的图片————————————————
//      五星up角色
        list5starUp.add(ResourceTable.Media_c501_Kazuha);
//      五星普通角色（非up）
        list5star.add(ResourceTable.Media_c502_keqing);
        list5star.add(ResourceTable.Media_c503_qiqi);
        list5star.add(ResourceTable.Media_c504_mona);
        list5star.add(ResourceTable.Media_c505_qin);
        list5star.add(ResourceTable.Media_c506_diluc);
//       四星up角色
        list4starUp.add(ResourceTable.Media_c413_luoshaliya);
        list4starUp.add(ResourceTable.Media_C404_bannite);
        list4starUp.add(ResourceTable.Media_c412_leize);
//       四星普通角色（非up）
        list4starc.add(ResourceTable.Media_c401_anbo);
        list4starc.add(ResourceTable.Media_c402_babala);
```

图 21-8 将图片导入集合中

2. 界面布局

原神抽卡模拟器的界面设计如下。

1）欢迎界面

本部分包括设置背景图片、欢迎语、抽卡按钮和排列组件。

（1）使用<Image>组件设置背景图片。

```
    ohos:id = " $ + id:imageComponent"
    ohos:height = "match_parent"
    ohos:width = "match_parent"
    ohos:scale_mode = "stretch"
    ohos:image_src = " $media:hello"
    />
```

（2）使用< Text >组件设置欢迎语。

```
< Text
    ohos:height = "match_content"
    ohos:width = "match_content"
    ohos:text = "欢迎来到原神抽卡模拟器"
    ohos:text_color = " ♯ 000000"
    ohos:text_font = "HwChinese − medium"
    ohos:text_alignment = "vertical_center"
    ohos:text_size = "30vp"
    ohos:alpha = "0.5"
    ohos:top_margin = "420vp"
    ohos:left_margin = "15vp"
    />
```

（3）使用< Button >组件设置开始抽卡的按钮，单击跳转到主菜单界面。

```
< Button
    ohos:id = " $ + id:btn1"
    ohos:height = "match_content"
    ohos:width = "match_content"
    ohos:background_element = " $graphic:capsule_button_
element"
    ohos:alpha = "0.5"
    ohos:text = "开始抽卡"
    ohos:text_alignment = "vertical_center"
    ohos:text_size = "30vp"
    ohos:top_margin = "50vp"
    ohos:right_padding = "15vp"
    ohos:left_padding = "15vp"
    ohos:left_margin = "105vp"
    />
```

（4）使用线性垂直布局< DirectionalLayout >和堆叠布局
< StackLayout >，将组件排布在合适的位置，如图 21-9 所示。

```
< StackLayout
    xmlns:ohos = "http://schemas.huawei.com/res/ohos"
    ohos:height = "match_parent"
    ohos:width = "match_parent"
    ohos:orientation = "vertical"
    ohos:alignment = "vertical_center">
< DirectionalLayout
        ohos:height = "match_content"
```

图 21-9 欢迎界面

```
        ohos:width = "match_content"
        ohos:orientation = "vertical"
        ohos:alignment = "vertical_center"
        >
```

2）抽卡主菜单界面

（1）使用<Image>组件，插入背景图片和卡池图片。

```
<Image
        ohos:height = "match_parent"
        ohos:width = "match_parent"
        ohos:image_src = " $ media:wishbackground"
        ohos:scale_mode = "stretch"
    />
```

（2）使用<Button>组件，插入一抽和十抽的按钮，单击后跳转到抽卡页面。

```
<Button
            ohos:id = " $ + id:btn2"
            ohos:height = "match_content"
            ohos:width = "match_content"
            ohos:horizontal_center = "true"
ohos:background_element = " $graphic:capsule_button_element"
            ohos:text = "抽一发"
            ohos:top_margin = "50vp"
            ohos:layout_alignment = "horizontal_center"
            ohos:right_padding = "15vp"
            ohos:left_padding = "15vp"
            ohos:text_size = "30fp"/>
```

（3）用线性垂直布局<DirectionalLayout>和堆叠布局<StackLayout>，将组件排布在合适的位置，如图 21-10 所示。

3）单抽抽卡界面

（1）使用<Image>组件，插入背景图片。

（2）使用<Image>组件，插入抽出的武器/角色图片，在没有运行抽卡程序时不显示。

```
<Image
        ohos:id = " $ + id:ImgSingle"
        ohos:height = "350vp"
        ohos:width = "260vp"
        ohos:left_margin = "50vp"
        ohos:right_margin = "50vp"
        ohos:top_margin = "80vp"
        ohos:scale_mode = "stretch"
        />
```

（3）使用<Button>组件，插入开抽和返回的按钮，单击"开抽"按钮运行抽卡程序，单击

图 21-10　抽卡主菜单界面

"返回"按钮跳转到主菜单界面。

（4）使用< Text >组件在界面左上角显示已经多少抽未出四星或五星。

```
< Text
        ohos:height = "match_parent"
        ohos:width = "match_parent"
        ohos:top_margin = "35vp"
        ohos:text_size = "25vp"
        ohos:text_alignment = "top|left"
        ohos:text_color = "#ffffff"
        ohos:text = "已抽    未出五星"
        ohos:left_margin = "10vp"
        />
< Text
        ohos:id = "$ + id:text4"
        ohos:height = "match_parent"
        ohos:width = "match_parent"
        ohos:top_margin = "10vp"
        ohos:left_margin = "65vp"
        ohos:text_size = "25vp"
        ohos:text_alignment = "top|left"
        ohos:text_color = "#ffffff"
        />
```

（5）用线性垂直布局< DirectionalLayout >和堆叠布局< StackLayout >，将组件排布在合适的位置，如图 21-11 所示。

4）十抽抽卡界面

（1）使用< Image >组件，插入背景图片。

（2）使用< Image >组件，插入抽出的十张武器/角色图片，在没有运行抽卡程序时不显示。

（3）使用< Button >组件，插入开抽和返回按钮，单击"开抽"按钮运行抽卡程序，单击"返回"按钮跳转到主菜单界面。

（4）使用< Text >组件在界面左上角显示已经多少抽未出四星或五星。

（5）用线性垂直布局< DirectionalLayout >、堆叠布局< StackLayout >、表格布局< TableLayout >将组件排布在合适的位置，表格布局设置为 3 行 4 列，如图 21-12 所示。

```
< TableLayout
xmlns:ohos = "http://schemas.huawei.com/res/ohos"
ohos:height = "match_content"
ohos:width = "match_content"
ohos:padding = "8vp"
ohos:column_count = "4"
ohos:row_count = "3"
ohos:orientation = "horizontal"
ohos:top_margin = "50vp"
        >
```

图 21-11　单抽抽卡界面　　　　　　　　图 21-12　十抽抽卡界面

文件 67

3. 完整代码

界面设计完整代码见本书配套资源"文件 67"。

21.3.2　程序开发

本部分主要分析单次抽卡机制(十抽的机制同单抽,只是最后对于图片的赋值稍作修改),包括程序初始化、在 onstart 方法中绑定组件、抽卡函数、抽取武器或人物的函数、概率函数、单击按钮开始程序及完整代码。

1. 程序初始化

定义程序中需要用到的数据,例如存储不同星级角色或武器图片的集合、单抽的 image 组件、准备显示在左上角的提示文字、抽卡的初始次数、未抽到四星或五星的次数、抽到普通(非 up)角色的参数,并对其进行初始化设置。

2. 在 onstart 方法中绑定组件

在 onstart 方法中绑定界面 XML 布局文件,找到按钮组件并绑定单击事件(单击开抽按钮进行抽卡,单击返回按钮返回到主菜单),在不同星级的人物和武器集合中添加对应图片。

3. 抽卡函数(主要函数)

抽卡函数主要描述抽到五星、四星、三星的各种逻辑判断。对应与该游戏的抽卡机制如下：

五星角色基础概率：0.6％,有50％为up角色,50％为非up角色,当抽出非up角色后下一次五星必为up角色,75抽未出后逐步提升五星概率(3％),90抽5星保底。

四星基础概率：5.1％,有50％为up四星角色,50％为非up四星(武器或角色),当抽出非up四星后下次四星必为up角色,10抽四星保底。

其他情况下抽出均为三星武器。

4. 抽取武器或人物的函数

当触发抽取某星武器或人物时要调用的函数,通过它将抽取到的图片赋给image组件,以便在界面上显示。

5. 概率函数

通过概率函数产生不同星级的抽卡概率,当75抽还未抽出五星时,逐步增加概率,方便抽卡函数调用。

6. 单击按钮开始程序(onclick方法)

单击按钮后开始运行整个抽卡逻辑,并在界面左上角显示还未达到保底的抽卡计数。

7. 十连抽与单抽的区别

因为十连抽与单抽的抽卡逻辑相同,仅列出修改部分。

(1) 抽取武器、人物函数。

抽取武器、人物函数中不再直接将随机抽到的索引赋值给image组件,而是先存储在整数a中,以便后续赋给十张不同的image。

(2) 单击按钮事件。

将抽卡一次改为抽卡十次,并且每次抽到的图片赋值给第一张到第十张image。

程序开发相关代码见本书配套资源"文件68"。

文件68

21.4　成果展示

单击程序图标进入App,应用初始界面如图21-13所示;单击"开始抽卡"按钮,进入主菜单如图21-14所示;单击"抽一发"按钮,再单击"开抽"按钮,如图21-15～图21-20所示;单击"返回"按钮,退回到主菜单,再单击"抽十发"按钮,如图21-21～图21-25所示。

卡池抽取的角色和武器如下。

五星up角色：枫原万叶,背景如图21-26所示;四星up角色：罗莎莉亚、雷泽、班尼特,如图21-27～图21-29所示;五星非up角色：刻晴、莫娜、迪卢克、琴、七七,背景如图21-30所示;四星非up角色：其他人物和带紫色背景的武器,如图21-31所示;三星：其他(武器),如图21-32所示。

图 21-13　应用初始界面

图 21-14　抽卡主菜单　　　图 21-15　四星非 up 角色　　　图 21-16　四星非 up 武器

图 21-17　五星 up 角色
（枫原万叶）

图 21-18　四星 up 角色
（罗莎莉亚）

图 21-19　抽到三星武器

图 21-20　五星非 up 角色

图 21-21　四星 up 角色

图 21-22　四星非 up 角色

图 21-23　四星非 up 武器　　　图 21-24　五星 up 角色　　　图 21-25　五星非 up 角色

c502_keqing.png　　　　c503_qiqi.png　　　　c504_mona.png　　　　c505_qin.png

五星up角色（枫原万叶）

c506_diluc.png　　　c501_Kazuha.png

图 21-26　五星角色

图 21-27　四星 up：罗莎莉亚

图 21-28　四星 up：雷泽

图 21-29　四星 up：班尼特

图 21-30　四星非 up（角色）

图 21-31　四星非 up（武器）

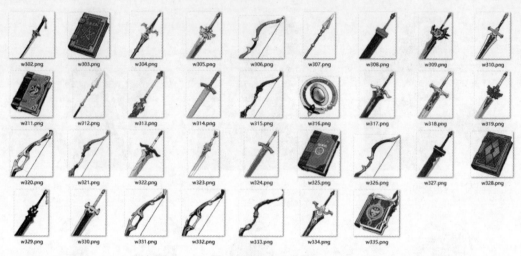

图 21-32 三星武器

项目 22

游 戏 装 备

本项目通过鸿蒙系统开发工具 DevEco Studio，基于 Java 开发一款网络游戏 App，实现原神的装备强化模拟系统。

22.1 总体设计

本部分包括系统架构和系统流程。

22.1.1 系统架构

系统架构如图 22-1 所示。

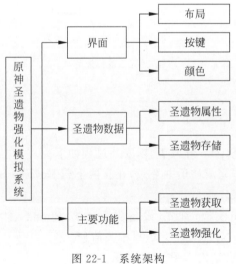

图 22-1 系统架构

22.1.2 系统流程

系统流程如图 22-2 所示。

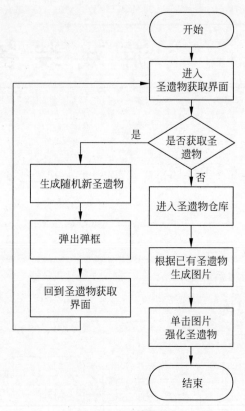

图 22-2　系统流程

22.2　开发工具

本项目使用 DevEco Studio 开发工具,安装过程如下。

(1) 注册开发者账号,完成注册并登录,在官网下载 DevEco Studio 并安装。

(2) 下载并安装 Node.js。

(3) 新建设备类型和模板,首先,设备类型选择 Phone;然后,选择 Empty Feature Ability(java);最后,单击 Next 按钮并填写相关信息。

(4) 创建后的应用目录结构如图 22-3 所示。

(5) 在 src/main/java 目录下进行原神圣遗物获取强化模拟系统的应用开发。

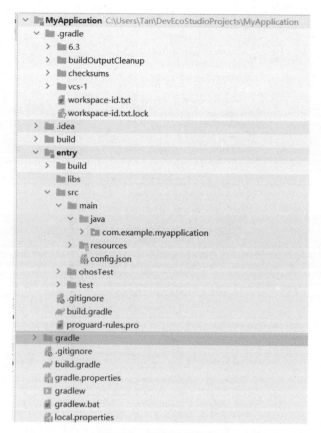

图 22-3　应用目录结构

22.3　开发实现

本项目包括界面设计和程序开发,下面分别给出各模块的功能介绍及相关代码。

22.3.1　界面设计

本部分包括图片导入和界面布局。

1. 图片导入

将所需圣遗物图片导入资源目录下,如图 22-4 所示。

2. 界面布局

本部分包括开始界面、功能选择、圣遗物仓库、圣遗物选择、圣遗物副本选择、副本椛染之庭、副本沉眠之庭、副本芬德尼尔之顶、副本无妄引咎密宫、新圣遗物信息弹框和圣遗物强化弹框布局设计,相关代码见本书配套资源"文件 69"。

文件 69

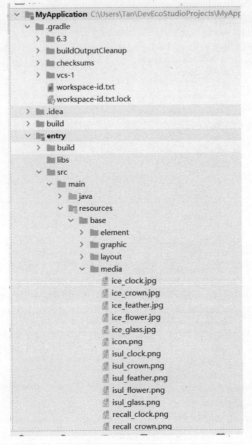

图 22-4　图片导入

22.3.2　程序开发

本部分包括关系数据库配置和各类 AbilitySlice,相关代码见本书配套资源"文件 70"。

文件 70

22.4　成果展示

打开 App,应用初始界面如图 22-5 所示;单击"进入游戏"按钮后,进入功能选择界面,如图 22-6 所示;单击"获取圣遗物"按钮,进入副本选择界面,如图 22-7 所示;单击"椛染之庭"按钮,进入副本,如图 22-8 所示;单击"获取圣遗物"按钮,弹出新圣遗物信息弹窗,如图 22-9 所示;单击空白区域或返回键,弹框关闭。然后单击"圣遗物仓库"按钮,进入圣遗物仓库界面,会发现刚刚获取的圣遗物已经显示,如图 22-10 所示;单击圣遗物图片,弹出圣遗物强化弹窗,如图 22-11 所示;单击"强化一次"按钮,如图 22-12 所示;单击"强化四次"按钮,如图 22-13 所示;单击"VIP 一键满级"按钮,如图 22-14 所示。

图 22-5　初始界面

图 22-6　功能选择界面

图 22-7　副本选择界面

图 22-8　椛染之庭副本界面

图 22-9　新圣遗物信息弹窗

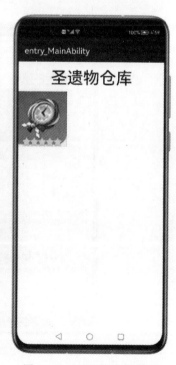

图 22-10　圣遗物仓库界面

图 22-11　圣遗物强化弹窗

图 22-12　强化一次界面

图 22-13　强化四次界面

图 22-14　VIP一键满级界面

项目 **23**

游 戏 城 堡

本项目通过鸿蒙系统开发工具 DevEco Studio,基于 JavaScript、HTML 和 CSS 语言,开发一款游戏城堡 App,实现计分等功能。

23.1　总体设计

本部分包括系统架构和系统流程。

23.1.1　系统架构

系统架构如图 23-1 所示。

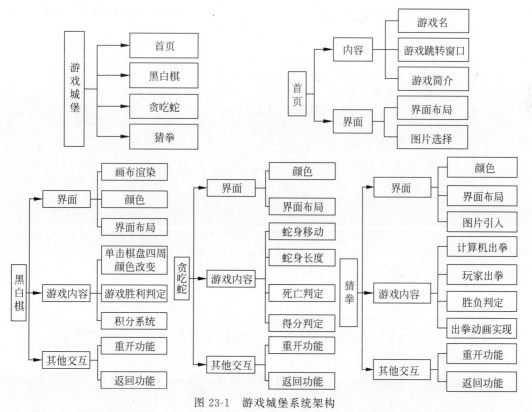

图 23-1　游戏城堡系统架构

23.1.2 系统流程

系统流程如图 23-2 所示。

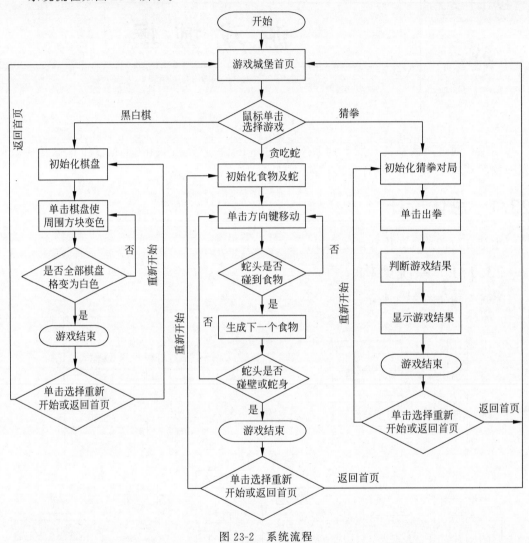

图 23-2 系统流程

23.2 开发工具

本项目使用 DevEco Studio 开发工具,安装过程如下。

(1) 注册开发者账号,完成注册并登录,在官网下载 DevEco Studio 并安装。

(2) 下载并安装 Node.js。

(3) 新建设备类型和模板,首先,设备类型选择 Phone;然后,选择 Empty Feature

Ability(JavaScript)；最后,单击 Next 按钮并填写相关信息。

（4）创建后的应用目录结构如图 23-3 所示。其中 images 文件夹存放图片,pages 文件夹存放各界面。

（5）在 src/main/js 目录下进行游戏城堡的应用开发。

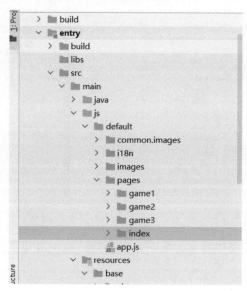

图 23-3　应用目录结构

23.3　开发实现

本部分包括界面设计和程序开发,下面分别给出各模块的功能介绍及相关代码。

23.3.1　界面设计

本部分包括图片导入、界面布局和完整代码。

1. 图片导入

在 js/default 下创建 images 文件夹用于存放图片,相对路径为 images/图片名,本程序所用到的图片如图 23-4 所示,分别为首页用到的三款游戏缩略图,游戏城堡的上下左右四个按钮,石头剪刀布中敌人的动画图及对应的图片。

2. 界面布局

本部分包括首页界面、黑白棋界面、贪吃蛇界面和猜拳界面。

1）首页界面

首页界面设计参考当前游戏平台,效果如图 23-5 所示,每个小游戏对应独立的一行,左侧为缩略图,右侧为名称(游戏跳转入口)及介绍,单击游戏名称即可进入对应游戏;随着小游戏的不断开发,界面支持滚动查看。

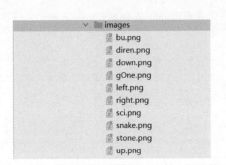

图 23-4   图片导入   图 23-5   首页界面

使用多层容器嵌套实现格式化布局,分为总容器、每个游戏及文字部分的容器,排列顺序是纵向、横向和纵向。

```
< div class = "container" >
    < div class = "container2" >...</div >
    < div class = "container2" >...</div >
    < div class = "container2" >
        < image class = 'images' src = "images/stone.png"/>
        < div class = "container3" >
            < button class = "bit" onclick = "jump3">猜拳</button >
            < text class = "intro">愉快的猜拳游戏</text >
        </div >
    </div >
</div >
```

2)黑白棋界面

如图 23-6 所示,上方显示游戏步数,主体是整个棋盘,方块用黑白表示,下方是重新开始和返回按钮。

(1)利用 canvas 画布渲染,实现触发事件时对应色块的改变。canvas 在 HML 中写法固定,相关代码如下。

```
< canvas class = "canvas" ref = "canvas" ></canvas >
```

主要调用方法在 JavaScript 部分,相关代码如下。

```
context = this. $ refs.canvas.getContext('2d');
```

创建画布对应的对象,通过 fillStyle 和 fillRect 方法确定色块的颜色并渲染。

图 23-6   黑白棋界面

```
context.fillStyle = COLORS[gridStr];
context.fillRect(leftTopX, leftTopY, SIDELEN, SIDELEN);
```

（2）利用 stack 组件实现 button 和 canvas 的叠用，单击对应的色块可以实现触发对应事件。

```
< stack class = "stack">
        < canvas class = "canvas" ref = "canvas" ></canvas >
        < div class = "subcontainer" show = "{{isShow}}">... </div >
        < input type = "button" class = "bitgrid1" onclick = "changeOneGrids(0,0)"/>
</stack >
```

（3）通过 JavaScript 内定义的变量判定是否触发胜利弹窗。

```
< div class = "subcontainer" show = "{{isShow}}">
    < text class = "gameover">
            游戏成功
    </text >
</div >
```

（4）精确定义 button 位置。

```
.bitgrid1{
    left:5px;
    top:5px;
    width:40px;
    height:40px;
    border - color:transparent;
    background - color:transparent;
}
```

3）贪吃蛇界面

如图 23-7 所示，上方记录分数，每个食物得 5 分，主体是贪吃蛇游戏界面，中间是方向操控键，下方是"重新开始"及"返回"按钮。

（1）canvas 组件渲染画布实现方块的染色，其方法与黑白棋相似。

```
< canvas ref = "canvasref" style = "width: 300px; height: 300px;
background - color: black;"></canvas >
```

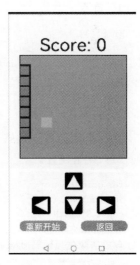

图 23-7　贪吃蛇界面

（2）使用 if 语句进行条件判断，决定显示内容。

```
<!-- 用 if 判断,如果游戏结束,则显示该模块 -->
    < text if = "{{gameOver}}" class = "scoretitle">
        < span > Game Over!!!</span >
    </text >
<!-- 用 if 判断,如果游戏没有结束,则显示该模块.显示得分 -->
    < text if = "{{!gameOver}}" class = "scoretitle">
        < span > Score: {{score}}</span >
    </text >
```

4）猜拳界面

如图 23-8 所示，上方是结果显示，未出拳时显示 Defeat him!，双方默认拳头，单击"出拳"按钮后会根据双方的出拳改变图标，获胜显示 You win!，失败显示 You lost!，平局显示 Try again!。

（1）出拳图标通过 Src1 的 JavaScript 内定义参数传回引入图片路径，实现图片的改变。

```
<!-- 猜拳显示图片 -->
    < div class = "container2">
        < image class = 'images' src = "{{Src1}}"/>
    </div>
```

（2）结果显示。上方结果显示通过 JavaScript 内定义的变量将字符串传回，实现不同文字的输出。

```
< text class = "scoretitle">
        < span >{{str}}</span >
    </text>
```

3. 完整代码

界面设计完整代码见本书配套资源"文件 71"。

Defeat him!

图 23-8　猜拳界面

文件 71

23.3.2　程序开发

本部分包括首页、黑白棋、贪吃蛇、猜拳的相关代码。

1. 首页

```
jump1(){
    router.replace({
        uri:'pages/game1/game1'
    });
},
```

2. 黑白棋

本部分包括数据设置、画布布置、改变色块、游戏结束判定及重新开始。

（1）数据设置。

```
var grids;                          //记录色块的颜色标签
var context;                        //canvas 画布的上下文,用于改变色块颜色
const SIDELEN = 40;                 //色块边长
const MARGIN = 5;                   //间隔长度
//色块颜色与标签对应字典
const COLORS  =  {
    "0" : "#FFFFFF",
    "1" : "#000000"
}
    data: {
```

```
            currentSteps: 0,                    //步数记录
            isShow: false                       //是否成功
        },
        grids = [[0, 0, 0, 0, 0, 0, 0],    //记录颜色的数组
            [0, 0, 0, 0, 0, 0, 0],
            [0, 0, 0, 0, 0, 0, 0],
            [0, 0, 0, 0, 0, 0, 0],
            [0, 0, 0, 0, 0, 0, 0],
            [0, 0, 0, 0, 0, 0, 0],
            [0, 0, 0, 0, 0, 0, 0],
            [0, 0, 0, 0, 0, 0, 0]];
```

（2）画布布置。

```
//随机初始化棋盘,用随机数值与 0.5 比较,确定每个色块的颜色为 0 或 1
    initGrids(){
        for (let row = 0; row < 7; row++) {
            for (let column = 0; column < 7; column++) {
                grids[row][column] = Math.random()> 0.5?0:1;
            }
        }
    },
//画布布置,显示色块,调用 fillStyle 和 fillRect 方法涂色,颜色由二维数组决定,涂色坐标及范围
//由横纵序列数乘以每个色块的大小决定
    drawGrids(){
        for (let row = 0 ;row < 7 ;row++){
            for (let column = 0; column < 7;column++){
                let gridStr = grids[row][column].toString();
                context.fillStyle = COLORS[gridStr];
                let leftTopX = column * (MARGIN + SIDELEN) + MARGIN;
                let leftTopY = row * (MARGIN + SIDELEN) + MARGIN;
                context.fillRect(leftTopX, leftTopY, SIDELEN, SIDELEN);
            }
        }
    },
```

（3）改变色块。

```
//改变单个色块值
change(x,y){
    if(this.isShow == false){
        if(grids[x][y] == 0){
            grids[x][y] = 1;
        }else{
            grids[x][y] = 0;
        }
    }
},
//单击色块实现对应周围功能
changeOneGrids(x,y){
    //根据是否在边界确定对应的事件
```

```
if(x > - 1 && y > - 1 && x < 7 && y < 7){
    this.change(x,y);
}
if(x + 1 > - 1 && y > - 1 && x + 1 < 7 && y < 7){
    this.change(x + 1,y);
}
if(x - 1 > - 1 && y > - 1 && x - 1 < 7 && y < 7){
    this.change(x - 1,y);
}
if(x > - 1 && y + 1 > - 1 && x < 7 && y + 1 < 7){
    this.change(x,y + 1);
}
if(x > - 1 && y - 1 > - 1 && x < 7 && y - 1 < 7){
    this.change(x,y - 1);
}
this.drawGrids();
//改变现在步数
if(this.isShow == false){
    this.currentSteps += 1;;
}
//判断游戏是否成功,改变变量触发对应事件
if(this.gameover()){
    this.isShow = true;
}
},
```

（4）游戏结束判定。

```
gameover(){//观察是否均为白色(1)
    for (let row = 0 ;row < 7 ;row++){
        for (let column = 0; column < 7;column++){
            if (grids[row][column] == 1){
                return false;
            }
        }
    }
    return true;
},
```

（5）重新开始。

```
restartGame(){
this.onInit();                    //初始化数据
this.drawGrids();                 //重新渲染画布
this.isShow = false;              //初始化数据
this.currentSteps = 0;
},
```

3. 贪吃蛇

画布(背景、蛇身及食物的初始化)渲染由 canvas 组件加循环遍历实现。

（1）蛇食物出现的位置由 math.random 随机函数乘相应的倍数实现,蛇的初始位置是

固定的,直接设置坐标即可。

(2) 数据设置。

```
data: {
    title: "",
    snakeSize: 30,              //蛇身格子像素大小
    w: 300,                     //背景宽度
    h: 300,                     //背景高度
    score: 0,                   //得分为 0
    snake : [],                 //数组用来存储蛇每个格子的位置
    ctx: null,                  //调用填充颜色
    food: null,                 //食物位置
    direction: '',              //按键状态
    gameOver: false,            //游戏状态
    tail: {                     //记录更新后蛇头的位置
        x: 0,
        y: 0
    },
    interval : null             //获得 setInterval()的返回值
},
```

(3) 蛇的移动。每次移动刷新的操作,即帧画面创建和渲染的流程,蛇的移动通过刷新坐标实现。

```
paint() {
    //调用画的背景
    this.drawArea()
    //获得蛇头位置的初始坐标
    var snakeX = this.snake[0].x;
    var snakeY = this.snake[0].y;
    //根据移动操作,更新数据
    if (this.direction == 'right') {
        snakeX++;
    }
    else if (this.direction == 'left') {
        snakeX -- ;
    }
    else if (this.direction == 'up') {
        snakeY -- ;
    } else if (this.direction == 'down') {
        snakeY++;
    }
```

(4) 判定蛇与食物、墙壁、身体的碰撞。

```
//反向移动或碰撞时,游戏失败,重新启动
if (snakeX == -1 || snakeX == this.w / this.snakeSize || snakeY == -1 || snakeY == this.
h / this.snakeSize || this.checkCollision(snakeX, snakeY, this.snake)) {
    //ctx.clearRect(0,0,this.w,this.h); //clean up the canvas
    clearInterval(this.interval);
    this.interval = null
```

```
        this.restart()
        this.gameOver = true;
        return;
    }
    //判断是否吃到食物
    if(snakeX == this.food.x && snakeY == this.food.y) {
        //吃到食物
        //将食物的位置记录下来
        this.tail = {x: snakeX, y: snakeY};
        //分数加 5
        this.score = this.score + 5;
        //创建食物,该函数是创建食物的函数,逻辑在(1)中有解释
        this.createFood();
```

（5）重新开始。

```
//重启操作
restart() {
    //重新布置画布
    this.drawArea()
    this.drawSnake()
    this.createFood()
    this.paint()
    //数据重新初始化
    this.gameOver = false
    this.score = 0
    //蛇的状态恢复为静止,方向初始化
    clearInterval(this.interval);
    this.interval = null
    this.direction = 'down';
},
```

4. 猜拳

本部分包括数据设置、出拳图片更改、结果显示、单击触发。结果显示与出拳图片更改都用回传变量实现。

（1）数据设置。

```
data: {
    Src1:"images/stone.png",              //初始化为石头
    Src2:"images/stone.png",              //初始化为石头
    gameOver: false,                      //记录游戏状态为出拳/未出拳
    isWin:null,                           //记录胜负结果
    str:"Defeat him!"                     //对应 title,传回 HML 方便改变
},
```

（2）出拳图片更改。

```
//显示双方出拳结果,通过改变 Src1 和 Src2 回传改变图片
showSrc(){
    if(array[0] == 1){
        this.Src1 = "images/sci.png"
```

```
    }else if(array[0] == 2){
        this.Src1 = "images/stone.png"
    }else if(array[0] == 3){
        this.Src1 = "images/bu.png"
    }
    if(array[1] == 1){
        this.Src2 = "images/sci.png"
    }else if(array[1] == 2){
        this.Src2 = "images/stone.png"
    }else if(array[1] == 3){
        this.Src2 = "images/bu.png"
    }
},
```

（3）结果判定。

```
//判定结果,剪刀为1,石头为2,布为3
Result(){
    //剪刀输石头
    if(array[0] == 1&&array[1] == 3){
        this.isWin = 2;
    }else if(array[0] == 3&&array[1] == 1){
        this.isWin = 0;
    }
    //平局
    else if(array[0] == array[1]){
        this.isWin = 1;
    }
    //谁序号大谁赢
    else if(array[0]> array[1]){
        this.isWin = 0;
    }else if(array[0]< array[1]){
        this.isWin = 2;
    }
    this.gameOver = true;
},
```

（4）单击触发。

```
//单击猜拳按钮触发事件,x 为 HML 传入参数,代表用户猜拳选择
onStartGame(x){
    array[0] = Math.floor(Math.random() * 3) + 1;      //对手随机出拳
    array[1] = x;
    this.showSrc();                                    //显示双方出拳选择
    this.Result();                                     //判定胜负结果
    this.Title();                                      //显示胜负结果
},
```

5. 完整代码

完整代码见本书配套资源"文件72"。

文件 72

23.4　成果展示

打开 App,单击游戏名即可进入对应游戏界面,应用初始界面如图 23-9 所示;如图 23-10 所示,单击黑白棋界面左侧图片左下角后变为右侧图片。

图 23-9　应用初始界面

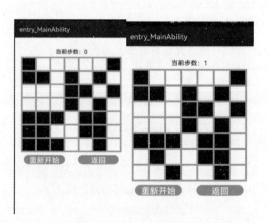

图 23-10　黑白棋界面

贪吃蛇界面初始时静止不动,如图 23-11 所示;单击向右按钮后向右运行,吃到食物得分加 5,右侧为吃到食物后刷新下一个食物,分数增加的状态;游戏结束界面如图 23-12 所示。

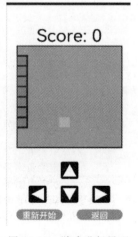

图 23-11　游戏进行界面

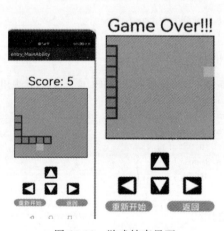

图 23-12　游戏结束界面

猜拳游戏初始界面如图 23-13 左一所示,右侧 3 个图分别为胜、负、平时的状态。

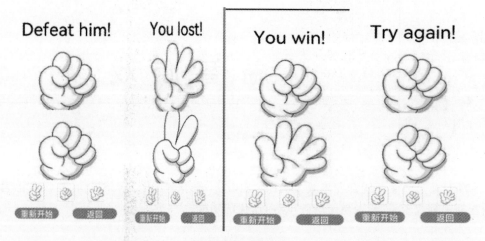

图 23-13 猜拳界面

项目 24

益 智 游 戏

本项目通过鸿蒙系统开发工具 DevEco Studio，基于 HML、JavaScript 和 CSS 语言，开发益智翻牌游戏盒子，实现星座翻牌/黑白迭代的功能。

24.1 总体设计

本部分包括系统架构和系统流程。

24.1.1 系统架构

星座翻牌系统架构如图 24-1 所示；黑白迭代系统架构如图 24-2 所示。

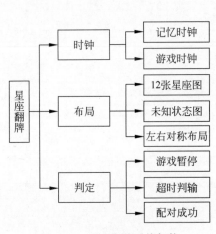

图 24-1 星座翻牌系统架构

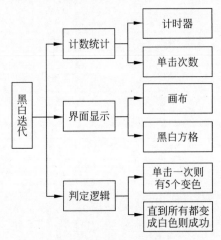

图 24-2 黑白迭代系统架构

24.1.2 系统流程

星座翻牌系统流程如图 24-3 所示；黑白迭代系统流程如图 24-4 所示。

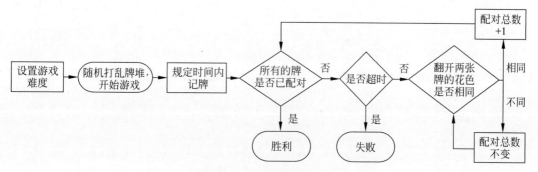

图 24-3　星座翻牌系统流程

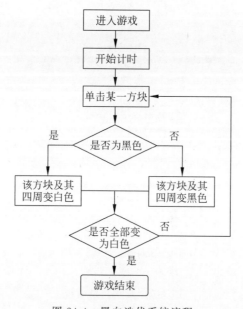

图 24-4　黑白迭代系统流程

24.2　开发工具

本项目使用 DevEco Studio 开发工具,安装过程如下。

(1) 注册开发者账号,完成注册并登录,在官网下载 DevEco Studio 并安装。

(2) 下载并安装 Node.js。

(3) 新建设备类型和模板,首先,设备类型选择 Phone;然后,选择 Empty Feature Ability(JavaScript);最后,单击 Next 按钮,并填写相关信息。

(4) 创建后的应用目录结构如图 24-5 所示。

(5) 在 src/main/js 目录下进行益智翻牌游戏盒子的应用开发。

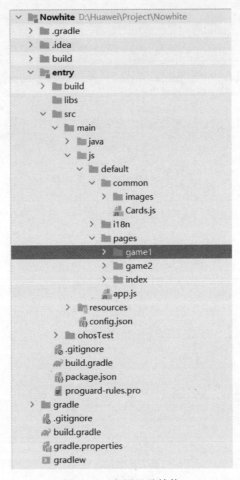

图 24-5　应用目录结构

24.3　开发实现

本项目包括界面设计和程序开发,下面分别给出各模块的功能介绍及相关代码。

24.3.1　界面设计

本部分包括图片导入和界面布局。

1. 图片导入

首先,将选好的界面图片导入 project 中,包含主界面背景、星座翻牌中图片、黑白迭代的部分图片,如图 24-6 所示。

2. 界面布局

本部分包括主界面、星座翻牌、界面布局、控制部分、提示栏、设定记忆时间的相关代码。

1）主界面

Container 中包含文本框和三个按钮，界面布局如下。

```
< div class = "container">
    < text class = "head">益智翻牌游戏盒子</text>
    < input class = "btn" type = "button" value = "卡牌 配 对" onclick = "tomatch"></input >
    < input class = "btn" type = "button" value = "黑白 迭 代" onclick = "toflip"></input >
    < input class = "btn" type = "button" value = "敬请 期 待"></input >
</div >
```

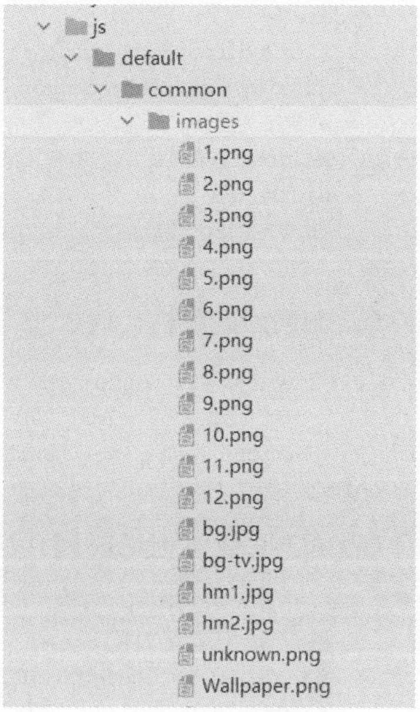

2）星座翻牌

星座翻牌的界面布局如下。

（1）HML 分布代码，包含图片的容器及设置图片的 onClick 属性。

```
< div class = "row">
    < image class = "image" disabled = "{{ cards[0].dab }}" src = "common/images/{{ cards[0]. src }}.png" onclick = "turnover(0)"></image >
    < image class = "image" disabled = "{{ cards[1].dab }}" src = "common/images/{{ cards[1]. src }}.png" onclick = "turnover(1)"></image >
    < image class = "image" disabled = "{{ cards[2].dab }}" src = "common/images/{{ cards[2]. src }}.png" onclick = "turnover(2)"></image >
    < image class = "image" disabled = "{{ cards[3].dab }}" src = "common/images/{{ cards[3]. src }}.png" onclick = "turnover(3)"></image >
</div >
```

图 24-6　图片导入

（2）CSS 分布代码。

```
. image {
    height: 94 % ;
    width: 23 % ;
    margin - left: 1 % ;
    margin - right: 1 % ;
    border - width: 1px;
}
```

（3）HML 控制代码，实现游戏时间的展示部分，包含游戏设置、暂停、运行等。

```
< div class = "middle">
    < text style = "height: 20 % ;" disabled = "{{ notice || gameset || pause || popup }}" onclick = "gamestop">{{ thetime }}</text>
    < label style = "height: 80 % ; border: 3px; border - bottom - color: black;"></label >
</div >
```

（4）CSS 控制代码。

```
.middle {
    flex - direction: column;
    justify - content: center;
    align - items: center;
    height: 100 % ;
    width: 6 % ;
    font - size: 24px;
}
```

（5）HTML 提示栏代码。

```
< div class = "all_popup" style = "height: 80 % ; width: 70 % ;" show = "{{notice}}">
    < text style = "height: 60 % ; fontsize: 30px; margin: 10px;">{{rule}}</text >
    < button class = "btn" onclick = "rule_notice">知道了</button >
</div >
```

（6）HTML 设定记忆时间代码，包含记忆时间的设定，设定为倒计时。

```
< div class = "time_set">
    <!-- 设定记忆时间 -->
    < text style = "height: 80px; font - size: 26px;">记忆时间</text >
    < button class = "time_btn" onclick = "timeset('metime', - 5)">-</button >
    < text class = "seconds">{{ metime }}s </text >
    < button class = "time_btn" onclick = "timeset('metime', 5)">+</button >
    < text style = "height: 80px; font - size: 26px;">(5~30)</text >
</div >
```

（7）CSS 设定记忆时间代码。

```
.time_set {
    margin - left: 50px;
    align - items: center;
    height: 80px;
    width: 90 % ;
    font - size: 26px;
}
```

（8）HTML 设定翻牌时间代码，包含游戏时间的设定，设定为正计时。

```
< div class = "time_set">
    <!-- 设定翻牌时间 -->
    < text style = "height: 80px; font - size: 26px;">限定时间</text >
    < button class = "time_btn" onclick = "timeset('maxtime', - 5)">-</button >
    < text class = "seconds">{{ maxtime }}s </text >
    < button class = "time_btn" onclick = "timeset('maxtime', 5)">+</button >
    < text style = "height: 80px; ">(20~120)</text >
</div >
```

（9）HTML 暂停与重新开始事件，包含暂停和游戏重新开始部分。

```
< div class = "all_popup" style = "height: 80 % ; width: 40 % ;" show = "{{ pause }}">
    < text class = "title">暂停中</text >
    < button class = "btn" onclick = "resume">继续游戏</button >
```

```
  < button class = "btn" onclick = "restart">重新开始</button >
  < button class = "btn" onclick = "toset">返回设置</button>
</div>
< div class = "all_popup" style = "height: 80 % ; width: 50 % ;" show = "{{ popup }}">
  < text class = "title">{{ result }}</text >
  < button class = "btn" onclick = "restart">重新开始</button>
  < button class = "btn" onclick = "toset">返回设置</button >
</div >
```

3）黑白迭代的界面设计

（1）HML 设计代码。

```
< text class = "steps">当前步数:{{currentSteps}}</text >
< text class = "steps">当前用时:{{currentTime}} </text >
```

（2）CSS 设计代码。

```
.steps {
    font - size: 21px;
    text - align:center;
    width:200px;
    height:39px;
    letter - spacing:0px;
    margin - top:10px;
    background - color: cornflowerblue;
}
```

（3）采用画布进行绘制。

```
< canvas class = "canvas" ref = "canvas" onclick = "click" @ touchstart = 'touchstartfunc'>
</canvas >
```

（4）HML 判断是否成功。

```
< div class = "subcontainer" show = "{{isShow}}">
    < text class = "gameover">游戏成功</text >
</div >
```

（5）CSS 判断是否成功。

```
.subcontainer{
    left: 50px;
    top: 95px;
    width: 220px;
    height: 130px;
    justify - content: center;
    align - content: center;
    background - color: #E9C2A6;
}
```

24.3.2 程序开发

本部分包括初始界面、星座翻牌和黑白迭代的相关代码。

1．初始界面

```
tomatch() {
//跳转到星座翻牌
    router.replace({
        uri: "pages/game1/game1"
    })
}
toflip() {
//跳转到黑白迭代
    router.replace({
        uri: "pages/game2/game2"
    })
}
```

2．星座翻牌

本部分包括星座翻牌数据集合、时钟设置、打乱卡牌、倒计时、重新盖牌、翻牌、暂停游戏、继续游戏和设置卡牌状态界面。

（1）星座翻牌数据集合。

```
data: {
    rule: "游戏规则:在一定时间内尽可能地记住左右两边各 12 张生肖牌的对应位置,并在限定时间内将两边相同的牌逐一配对。",
    notice: true,
    cards: Cards,                  //所有牌
    L_dab: true,                   //左侧是否能翻牌
    R_dab: true,                   //右侧是否能翻牌
    tick: true,                    //倒计时/正计时
    pause: false,                  //暂停状态
    gameset: false,                //游戏设置状态
    metime: MeTime,                //倒计时时长
    maxtime: MaxTime,              //最大游戏时长
    thetime: 0,                    //时长显示
    tempindex: null,
    tempqueue: [],                 //明牌队列
    score: 0,
    result: "",                    //游戏结果
    popup: false,
}
```

（2）时钟设置。

```
timeset(time, alter) {
    if(time == "metime") {
        if((5 <= this.metime + alter) && (30 >= this.metime + alter)) {
            this.metime += alter;
        }
    }
    else {
        if((20 <= this.maxtime + alter) && (120 >= this.maxtime + alter)) {
```

```
                this.maxtime += alter;
            }
        }
    },
```

（3）打乱卡牌。

```
mess_up() {
    var Lindex, Rindex;
    var temp;                       //临时置换变量
    var ran;                        //随机下标
    var LLL = new Array;
    var RRR = new Array;
                                    //打乱左边图标(0~11)
    for(Lindex = 0; Lindex < 12; Lindex++) {
        ran = Math.floor(Math.random() * 12);
        temp = this.cards[Lindex];
        this.cards[Lindex] = this.cards[ran];
        this.cards[ran] = temp;
    }
                                    //打印左边序号
    console.info("——左边——");
    for(var l = 0; l < 12; l++) {
        LLL.push(this.cards[l].index);
    }
    console.info(JSON.stringify(LLL));
                                    //打乱右边图标(12~23)
    for(Rindex = 12; Rindex < 24; Rindex++) {
        ran = Math.floor(Math.random() * 12) + 12;
        temp = this.cards[Rindex];
        this.cards[Rindex] = this.cards[ran];
        this.cards[ran] = temp;
    }
                                    //打印右边序号
    console.info("——右边——");
    for(var r = 12; r < 24; r++) {
        RRR.push(this.cards[r].index);
    }
    console.info(JSON.stringify(RRR));
    for(var all = 0; all < 24; all++) {
        this.cards[all].src = this.cards[all].index;
    }
                                    //启动倒计时
    this.memory();
}
```

（4）倒计时。

```
memory() {
    setdown = setInterval(() => {
        this.thetime -- ;               //记忆显示的时间
```

```
            if(0 >= this.thetime) {
                //倒计时结束
                clearInterval(setdown);
                this.tick = false;
                this.L_dab = false;
                this.R_dab = false
                //盖上图片
                for(var all = 0; all < 24; all++) {
                    this.cards[all].src = "unknown";
                    this.cards[all].dab = false;
                }
                this.timing();
            }
        }, 1000);
    }
```

（5）重新盖牌。

```
cover() {
    if(this.cards[this.tempqueue[0]].index != this.cards[this.tempqueue[1]].index) {
    //如果翻出牌不同
        console.info("配对失败");
        this.cards[this.tempqueue[0]].src = "unknown";
        this.cards[this.tempqueue[0]].dab = false;
        this.cards[this.tempqueue[1]].src = "unknown";
        this.cards[this.tempqueue[1]].dab = false;
    }
    else {
        console.info("配对成功");
        this.score += 1;
    }
    this.tempqueue.splice(0, 2);
}
```

（6）翻牌。

```
turnover(index) {
    console.info("单击了" + index);
    if(this.cards[index].src != "unknown") {
        console.info("请翻其他牌");
        return;
    }
    this.tempqueue.push(index);
    this.cards[index].src = this.cards[index].index;
    this.cards[index].dab = true;
    if(index < 12) {
        this.L_dab = true;
    }
    else {
        this.R_dab = true;
    }
```

```
        if((true == this.L_dab) && (true == this.R_dab)) {
            //this.cover();
            this.L_dab = false;
            this.R_dab = false;
        }
    },
```

（7）暂停游戏。

```
gamestop() {
    this.pause = true;
    if(true == this.tick) {
        for(var all = 0; all < 24; all++) {
            this.cards[all].src = "unknown";
        }
        clearInterval(setdown);
    }
    else {
        clearInterval(setadd);
    }
}
```

（8）继续游戏。

```
resume() {
    this.pause = false;
    if(true == this.tick) {
        for(var all = 0; all < 24; all++) {
            this.cards[all].src = this.cards[all].index;
        }
        this.memory();
    }
    else {
        this.timing();
    }
}
```

（9）设置卡牌状态界面（Card.js）。

```
export let Cards = [
{
    index: 1,
    src: "1",
    dab: false,
},
{
    index: 2,
    src: "2",
    dab: false,
},
……
]
```

```
export default Cards;
```

3. 黑白迭代

本部分包括数据集合、时钟设置、绘制网格、网格初始化、网格颜色变化、单个方格颜色变化。

（1）数据集合。

```
data: {
    currentSteps: - 10,                 //当前步数
    isShow:false,
    currentTime: 0,                     //当前时间
}
```

（2）时钟设置。

```
timer(){
        return setInterval(function() {
            var str_sec = n_sec;
            var str_min = n_min;
            if(n_sec < 10){
                str_sec = "0" + n_sec;
            }
            if ( n_min < 10 ) {
                str_min = "0" + n_min;
            }
            var time = str_min + ":" + str_sec;
            this.currentTime = time;
            n_sec++;
            if (n_sec > 59){
                n_sec = 0;
                n_min++;
            }
        }, 1000);
    }
```

（3）绘制网格。

```
drawGrids(){
    /* 绘制网格 */
    context = this. $refs. canvas. getContext('2d');
    /* 两侧循环,打印出网格 */
    for (let row = 0 ;row < 7 ;row++){
        for (let column = 0; column < 7;column++){
            let gridStr = grids[row][column].toString();
            /* 网格中填充颜色 */
            context.fillStyle = COLORS[gridStr];
            let leftTopX = column * (MARGIN + SIDELEN) + MARGIN;
            let leftTopY = row * (MARGIN + SIDELEN) + MARGIN;
            context.fillRect(leftTopX, leftTopY, SIDELEN, SIDELEN);
        }
    }
}
```

（4）网格初始化。

```
initGrids(){
    /*网格初始化*/
    let array = [];
    for (let row = 0; row < 7; row++) {
        for (let column = 0; column < 7; column++) {
            if (grids[row][column] == 0) {
                array.push([row, column])              //以坐标形式存储在 array
            }
        }
    }
    for (let i = 0; i < 10; i++){
        let randomIndex = Math.floor(Math.random() * array.length);
//通过 Random 成 0~1 的随机数,[0, 1), floor(x)返回小于参数 x 的最大整数
        let row = array[randomIndex][0];               //第一个元素作为横坐标
        let column = array[randomIndex][1];            //第二个元素作为纵坐标
        this.changeOneGrids(row,column);
    }
}
```

（5）网格颜色变化。

```
change(x,y){
    /*方格变色*/
    if(this.isShow == false){
        if(grids[x][y] == 0){
            grids[x][y] = 1;
        }else{
            grids[x][y] = 0;
        }
    }
},
```

（6）单个方格颜色变化。

```
changeOneGrids(x,y){
    /*单击一个方格后,相关的方格变色*/
    if(x > -1 && y > -1 && x < 7 && y < 7){
        this.change(x,y);
    }
    if(x + 1 > -1 && y > -1 && x + 1 < 7 && y < 7){
        this.change(x + 1,y);
    }
    if(x - 1 > -1 && y > -1 && x - 1 < 7 && y < 7){
        this.change(x - 1,y);
    }
    if(x > -1 && y + 1 > -1 && x < 7 && y + 1 < 7){
        this.change(x,y + 1);
    }
    if(x > -1 && y - 1 > -1 && x < 7 && y - 1 < 7){
        this.change(x,y - 1);
```

```
    }
    this.drawGrids();
    if(this.isShow == false){
        /* 判断是否全部变为白色 */
        this.currentSteps += 1;
    }
    if(this.gameover()){
        this.isShow = true;
    }
},
```

其他设置相关代码见本书配套资源"文件73"。

文件73

24.4 成果展示

打开App，应用初始界面如图24-7所示；单击卡牌配对按钮进入第一个游戏，如图24-8所示；设置难度，包括记忆时间的设置及限定时间的设置，如图24-9所示。

图24-7 应用初始界面

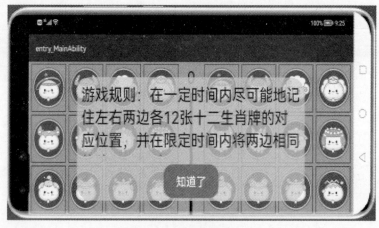

图24-8 游戏规则讲解界面

进入游戏，首先是15s倒计时，左右两侧图片被打乱，需要玩家进行记忆，如图24-10所示；记忆时间结束后，进入翻牌界面，需要玩家在规定时间内将所有牌配对，如果翻开的两张牌不相同，则重新开始翻牌，如图24-11所示；如果未在规定时间内完成游戏，则显示游戏超时，弹出失败界面，如图24-12所示。

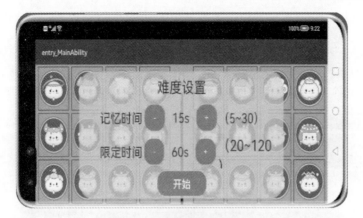

图 24-9 游戏难度设置界面

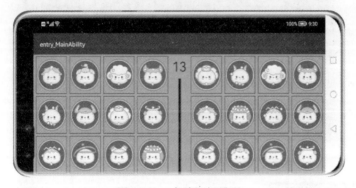

图 24-10 卡牌记忆界面

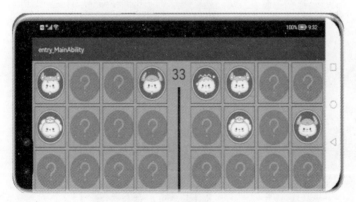

图 24-11 翻牌界面

若在规定时间内完成游戏,则显示游戏胜利的界面,如图 24-13 所示;单击黑白迭代进入第二个游戏,如图 24-14 所示;进入游戏界面如图 24-15 所示;自动开始倒计时,每单击一个方块,其自身和四周方块的颜色都发生反转,游戏成功界面如图 24-16 所示。

图 24-12　游戏失败

图 24-13　游戏胜利

图 24-14　黑白迭代　　　　图 24-15　黑白迭代游戏　　　　图 24-16　游戏成功

项目 25

三 国 武 将

本项目通过鸿蒙系统开发工具 DevEco Studio，基于 Java 开发一款三国杀游戏的武将图鉴，实现即时查询、分类功能。

25.1 总体设计

本部分包括系统架构和系统流程。

25.1.1 系统架构

系统架构如图 25-1 所示。

25.1.2 系统流程

系统流程如图 25-2 所示。

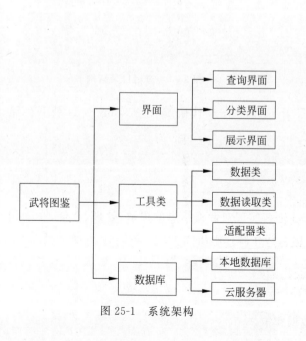

图 25-1 系统架构

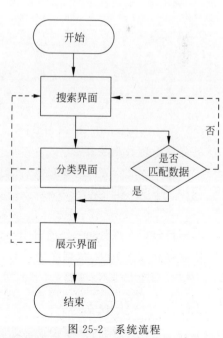

图 25-2 系统流程

25.2　开发工具

本项目使用 DevEco Studio 开发工具,安装过程如下。

(1) 注册开发者账号,完成注册并登录,在官网下载 DevEco Studio 并安装。

(2) 新建模板选择 Empty Ability 进行创建,如图 25-3 所示。

(3) 创建后的应用目录结构如图 25-4 所示。

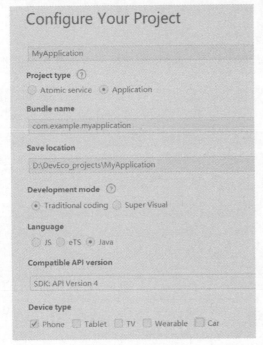

图 25-3　项目配置

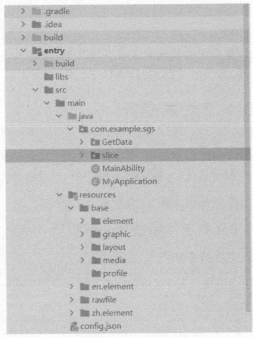

图 25-4　应用目录结构

(4) 在 entry/build/src/main/java 目录下进行 Java 代码编程,resources 目录下存储 App 的界面设置及相关资源。

25.3　开发实现

本项目包括两部分:一是通过 Python 语言实现对武将信息的提取、处理、存储,文字相关的数据存储在 SQLite 数据库中,图片相关的存储在阿里云中;二是 App 程序的开发,包括对本地数据库的导入、读取,云端的访问,数据的查询、分类、展示。

25.3.1　获取数据

本部分包括文字数据、图片数据和数据爬取。

1. 文字数据

对 github 上找到的武将信息 HTML 文件,通过 Python 的 BeautifulSoup 库和 Re 正则表达式库爬取武将的信息,通过 SQLite3 库存储武将信息。

2. 图片数据

图片数据通过 OS 库读取,OpenCV 库和 Image 库处理照片大小、格式。通过 PicGo 工具上传图片至阿里云服务器端,如图 25-5 所示。

图 25-5　服务器端

3. 数据爬取

相关库的导入代码如下。

```
from cgitb import html
from importlib.resources import contents
import re
from unicodedata import name
from bs4 import BeautifulSoup
import sqlite3
import sys, io
sys.stdout = io.TextIOWrapper(sys.stdout.buffer, encoding = 'utf - 8')
```

soup 对象代码如下。

```
def getSoup(path):                                          #获取 soup 对象
    htmlfile = open(path, 'r', encoding = 'utf - 8')        #打开文件
    html = htmlfile.read()                                  #读取 HTML 文件
    soup = BeautifulSoup(html, 'lxml')                      #使用 LXML 解析器
    return soup
```

武将名称代码如下。

```
def getName():                              #获取武将名称
    soup = getSoup(path1)
```

```
    name = [ ]
    td = soup.find_all('th',class_ = 'name')
    for n in td:
        temp = str((n.string))
        temp = re.sub('\s', '', temp)
        name.append(temp)
    print('成功获取武将名称')
    return name
```

数据库存储代码如下。

```
def savaData(dataList,dbPath):                          #存储数据到数据库
    init_db(dbPath)
    conn = sqlite3.connect(dbPath)
    cur = conn.cursor()
    for data in dataList:
        for index in range(len(data)):
            data[index] = "'" + str(data[index]) + "'"
        sql = '''
                insert into SGS(
                rank,power,name,nickname,life,versions,v1,v2,v3)
                values( % s)''' % ",".join(data)
        cur.execute(sql)
        conn.commit()
    cur.close()
    conn.close()
```

25.3.2 程序开发

本部分包括程序的界面构建、工具类和功能实现。

1. 界面构建

本项目使用 Java 框架,包括 DirectionLayout 和 StackLayout 布局。组件包括 Text、Button、TextField、Image、TabList、Tab、ListContainer 和 ScrollView 等。界面的布局 XML 存放在 resources/base/layout 中,相关代码见本书配套资源"文件 74"。

文件 74

2. 工具类

本项目实现相关数据处理工具类的功能,将其放在 GetData 的包中。

(1) 数据定义类 SgsData。定义整个程序传输中所需的武将信息,包括武将的序号、编号、势力、名称、技能等。由于其结构简单,定义几个 public 属性的成员变量、有参和无参的构造方法,以及相关的 get、set 方法,在此仅展示其成员变量。

```
public String id;                    //武将序号,用于查询照片
public String rank;                  //武将编号
public String power;                 //武将势力
public String name;                  //武将名称
public String nickname;              //武将称号
public String life;                  //武将体力上限
public String v1;                    //武将技能版本一
```

```
    public String v2;                           //武将技能版本二
    public String v3;                           //武将技能版本三
```

（2）数据库的读取类 MySgs。实现在鸿蒙中创建一个数据库，并将本地提取到的数据库存储到此数据库中，定义函数搜寻指定数据，相关代码如下。

```
package com.example.sgs.GetData;
import ohos.app.AbilityContext;
import ohos.data.DatabaseHelper;
import ohos.data.rdb.RdbOpenCallback;
import ohos.data.rdb.RdbStore;
import ohos.data.rdb.StoreConfig;
import ohos.data.resultset.ResultSet;
import ohos.global.resource.Resource;
import java.io.File;
import java.io.FileOutputStream;
import java.io.IOException;
import java.nio.file.Paths;
import java.util.ArrayList;
public class MySgs {
    private AbilityContext context;                     //界面上下文
    private File sgsPath;                               //保存文件的路径
    private File dbPath;                                //数据库的路径
    private RdbStore store;                             //数据库引擎
    private StoreConfig config = StoreConfig.newDefaultConfig("sgs.db");
    //数据库配置
    private static final RdbOpenCallback callback = new RdbOpenCallback() {
    //数据库的回调
        @Override
        public void onCreate(RdbStore rdbStore) {       //数据库创建时回调
        }
        @Override
        public void onUpgrade(RdbStore rdbStore, int i, int i1) { //数据库升级回调
        }
    };
    //构造函数
    public MySgs(AbilityContext context)
    {
        this.context = context;
        sgsPath = new File(context.getDataDir().toString() + "/MainAbility/databases/db");
                                                        //私有目录下的路径
        if (!sgsPath.exists()){
            sgsPath.mkdirs();
        }
        dbPath = new File(Paths.get(sgsPath.toString(),"sgs.db").toString());
    //数据库路径
    }
```

```
//读取 DB 文件
private void extractDB() throws IOException{
    Resource resource = context.getResourceManager().getRawFileEntry("resources/
rawfile/sgs.db").openRawFile();                          //打开 rawfile 中的 DB 文件
    if(dbPath.exists()){                                 //使得数据库可以更新
        dbPath.delete();
    }
    FileOutputStream fos = new FileOutputStream(dbPath); //以流的形式传输
    byte[] buffer = new byte[4096];                      //每次读取 4KB
    int count = 0;
    while((count = resource.read(buffer))>= 0){          //读取数据,确保读取所有数据
        fos.write(buffer,0,count);
    }
    resource.close();                                    //关闭输入
    fos.close();                                         //关闭输出
}
public void init() throws IOException {                  //初始化
    extractDB();
    DatabaseHelper helper = new DatabaseHelper(context); //定义数据库操作辅助类
    store = helper.getRdbStore(config,1,callback,null);  //创建/打开数据库
}
public ArrayList < SgsData > searchLocal(String key,String value){  //查询数据库,返回一
                                                                    //个 SgsData 类型的集合对象
    String[] args = new String[]{value};
    String sql = String.format("select * from SGS where % s like ",key);
    ResultSet resultSet = store.querySql(sql,args); //通过 SQL 语句查询,返回结果集
    ArrayList < SgsData > result = new ArrayList<>();
    while(resultSet.goToNextRow()){                  //循环读取 resultSet,逐条加入数据
        SgsData sgsData = new SgsData();
        sgsData.id = resultSet.getString(0);
        sgsData.rank = resultSet.getString(1);
        sgsData.power = resultSet.getString(2);
        sgsData.name = resultSet.getString(3);
        sgsData.nickname = resultSet.getString(4);
        sgsData.life = resultSet.getString(5);
        sgsData.v1 = resultSet.getString(7);
        sgsData.v2 = resultSet.getString(8);
        sgsData.v3 = resultSet.getString(9);
        result.add(sgsData);
    }
    resultSet.close();                               //关闭数据库
    return result;
}
}
```

（3）ListContainer 数据适配类。项目中使用组件 ListContainer 实现对搜索结果和分类结果的展示,ListContainer 组件由项目组成,将搜索到的数据填充到每个项目中,从而实

现数据的滑动展示,相关代码如下。

```
package com.example.sgs.GetData;
import com.bumptech.glide.Glide;
import com.example.sgs.ResourceTable;
import ohos.aafwk.ability.AbilitySlice;
import ohos.agp.components.*;
import java.util.ArrayList;
public class SettingProvider extends BaseItemProvider {
    private ArrayList<SgsData> settingList;            //定义 SgsData 类型的集合变量
    private AbilitySlice slice;                        //定义 slice 界面变量
    public SettingProvider(ArrayList<SgsData> settingList, AbilitySlice slice) {
        this.settingList = settingList;
        this.slice = slice;
    }
    public class SettingHolder{                        //内部类实现组件的绑定
        Image image;
        Text name;
        Text index;
        Text nickname;
        SettingHolder(Component component){
            image = component.findComponentById(ResourceTable.Id_image_index);
            name = component.findComponentById(ResourceTable.Id_name_index);
            index = component.findComponentById(ResourceTable.Id_index_index);
            nickname = component.findComponentById(ResourceTable.Id_nickname_index);
        }
    }
    //返回列表的个数
    @Override
    public int getCount() {
        return settingList == null ? 0: settingList.size();
    }
    //返回对应位置为 i 的数据
    @Override
    public Object getItem(int i) {
        if (settingList != null && i >= 0 && i < settingList.size()){
            return settingList.get(i);
        }
        return null;
    }
    //返回 item 的 ID
    @Override
    public long getItemId(int i) {
        return i;
    }
    //返回位置为 i 对应的组件
    @Override
    public Component getComponent ( int i, Component component, ComponentContainer
componentContainer) {
        final Component cpt;
```

```
        SettingHolder holder;
        SgsData item = settingList.get(i);              //绑定位置为 i 时的数据
        if (component == null){                          //当组件不存在时才绑定相应数据
            cpt = LayoutScatter.getInstance(slice).parse(ResourceTable.Layout_item, null,
false);                                                  //加载组件
            holder = new SettingHolder(cpt);            //实例化 SettingHolder
            cpt.setTag(holder);
        }else{                                          //组件存在,直接使用该组件
            cpt = component;
            holder = (SettingHolder) cpt.getTag();
        }
        String path = "https://bupt - ldk.oss - cn - shenzhen.aliyuncs.com/img/sgs" + item.
getId() + ".jpg";
        Glide.with(slice).load(path).placeholder(ResourceTable.Media_load).into(holder.
image);                                                  //通过 glide 库加载网络图片
        holder.name.setText(item.getName());            //绑定名称
        holder.index.setText("编号: " + item.getRank()); //绑定编号
        holder.nickname.setText("称号: " + item.getNickname());   //绑定称号
        return cpt;
    }
}
```

3. 功能实现

本部分介绍三个 slice 子界面功能的实现。

（1）展示界面。接收搜索界面和分类界面传递的意图,并且得到相应数据展示武将的信息,使用 glide 库通过 URL 访问数据库展示图片,武将的技能版本结合 ScrollView 组件和 TabList 组件实现翻页展示。

（2）分类界面。通过 ListContainer 组件实现对同一势力武将的展示,并可通过单击武将跳转到武将的详细界面。

（3）搜索界面具有三种模式：一是通过势力按键跳转到分类界面；二是通过搜索框输入的文字匹配到相关的信息；三是通过 ListContainer 组件进行展示。相关代码见本书配套资源"文件75"。

文件 75

25.4　成果展示

打开 App,应用初始界面如图 25-6 所示,初始界面中有"三国杀"字样的图片,以及输入框、搜索按钮、武将势力的按钮。通过武将的势力按钮可以跳转到各自的分类界面,展示魏国武将,如图 25-7 所示；输入框在未输入的状态下单击搜索会弹窗提示请输入武将名称,输入名称后,若未成功搜索到会进行提示,若搜索到武将势力则分类按钮会隐藏,并在搜索框下展示相应的搜索结果,如图 25-8 所示；单击武将,会跳转到详细的武将界面,如图 25-9 所示。

图 25-6　应用初始界面

图 25-7　魏国武将界面

图 25-8　搜索结果展示界面

图 25-9　武将详细界面

项目 26

游 戏 手 表

本项目通过鸿蒙系统开发工具 DevEco Studio，基于 JavaScript 开发一款游戏手表 App，实现在手表中添加游戏功能。

26.1　总体设计

本部分包括系统架构和系统流程。

26.1.1　系统架构

系统架构如图 26-1 所示。

26.1.2　系统流程

系统流程如图 26-2 所示。

26.2　开发工具

本项目使用 DevEco Studio 开发工具，安装过程如下。

（1）注册开发者账号，完成注册并登录，在官网下载 DevEco Studio 并安装。

（2）下载并安装 Node.js。

（3）新建设备类型和模板，首先，设备类型选择 Lite Wearable；然后，选择 Empty Feature Ability(JavaScript)，单击 Next 按钮，并填写相关信息。

（4）创建后的应用目录结构如图 26-3 所示。

（5）在 src/main/js 目录下进行游戏手表的应用开发。

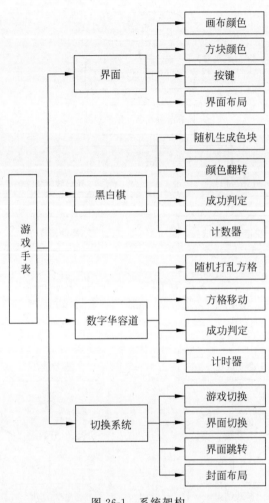

图 26-1　系统架构

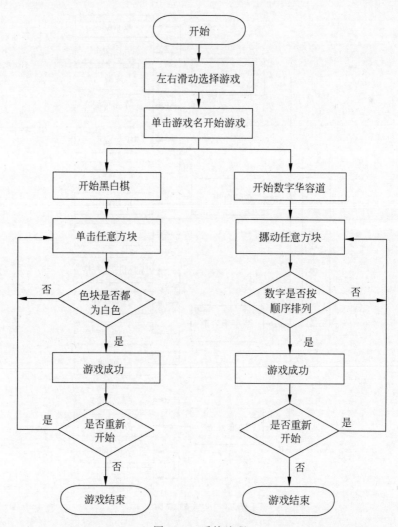

图 26-2　系统流程

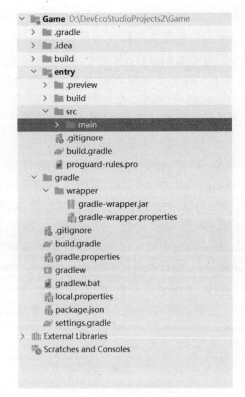

图 26-3　应用目录结构

26.3　开发实现

本项目包括游戏设计和游戏整合,下面分别给出各模块的功能介绍及相关代码。

26.3.1　游戏设计

本部分包括黑白棋和数字华容道两个游戏的开发。

1. 黑白棋

本部分包括初始界面布局、随机生成色块翻转、游戏结束和完整代码

(1)初始界面布局。在 index.hml 文件中创建一个基础容器 div 类名为 container。此容器中间需添加一个文字组件 text 类名为 steps,并且写上显示当前步数之后,为动态变换部分赋予一个名为 currentSteps 的变量,再添加一个画布组件 canvas 类名为 canvas,增加一个引用属性 ref,以便在此画布上画出 7×7 的表格。

在 index.css 中编写添加组件 steps、container、canvas 和 bit 的样式。

在 index.js 中编写描述界面中的组件如何进行交互。0 表示白色,1 表示黑色,定义一个用 0 和 1 表示键,颜色表示值的字典 COLORS,并且定义全局常量边长 Sidelen 为 40,间

距 Margin 为 5,定义一个全局变量的二维数组 grids,其中的值均为 0。创建 drawGrids()函数,先将 grids 的值利用 toString()函数全部转换为字符串,fillStyle 表示画图背景颜色,引用字典即可,fillRect 表示画矩形的大小,其中有四个参数,第一个是指定左上角的 x 坐标,第二个是指定左上角的 y 坐标,第三个是矩形的高度,第四个是矩形的宽度,最后创建 onShow()调用 drawGrids()函数即可。

(2) 随机生成色块翻转。单击任意一个色块时能得到其对应二维数组的下标,需要给每个色块添加一个按钮 button,并增加一个单击事件 click。

分别编写每个按钮的样式,加一个函数 change(x,y),接收二维数组的下标,改变二维数组的值。增加一个函数 changeOneGrids(x,y),接收二维数组的下标,调用已编写的函数 change(x,y),改变其上、下、左、右四个色块对应二维数组的值,调用 drawGrids()函数重新画图实现颜色的变化,当 isShow 为 false 时使 currentSteps 加 1,游戏成功时再单击色块 currentSteps 不再发生变化,最后随机生成一个色块被打乱的棋盘。

(3) 游戏结束。首先,在栈 stack 组件中增加一个游戏成功的容器 div,类名为 subcontainer,以 isShow 控制该容器是否进栈,增加文本组件 text,类名 gameover,并赋值"游戏成功"。其次,为重新开始按钮增加一个单击事件 click,所调用的函数为 restartGame。再次,接着编写样式。最后,初始化界面。

(4) 完整代码见本书配套资源"文件 76"。

2. 数字华容道

文件 76

本部分包括界面布局、数字打乱和方格移动、计时重新开始和游戏成功、完整代码。

(1) 界面布局。添加一个文字组件 text,类名为 seconds,且注明显示的固定部分为当前秒数,为动态变换部分赋予一个名为 currentSteps 的变量,用于动态显示游戏进行的秒数。再添加一个画布组件 canvas,类名为 canvas,增加一个引用属性 ref,用来指定指向子元素或子组件的引用信息,类名为 bit,并赋值重新开始。

在 index.css 中描述添加界面组件的样式。

在 index.js 中描述界面中的组件交互情况:创建 onShow()和 drawGrids()函数。

(2) 数字打乱和方格移动。在画布中添加一个 swipe 属性,用于响应滑动事件,赋予一个自动调用的 swipeGrids 函数。

在 index.js 中描述界面中组件的交互情况。创建一个函数 changeGrids(direction),接收一个参数 direction 指示滑动的方向,找出空白方格所在位置对应的二维数组下标,判断参数 direction 为 left、right、up 或 down,当 isShow 为 false 时,对应方格和空白方格二维数组的数值对调,创建响应滑动事件所自动调用的 swipeGrids(event) 函数,参数为滑动事件,调用 changeGrids(direction) 函数,并传入滑动的方向,调用 drawGrids()函数,添加 initGrids()函数,用于随机打乱排列规则的数字,先创建一维数组变量 array,赋值为上、下、左、右四个方向,Math.random()函数是[0,1)内的随机小数,Math.random() * 4 是[0,4)内的随机小数,Math.floor(x)为得出小于或等于 x 的最大整数,随机生成一个数字,读取数组 array 对应的值,调用 this.changeGrids(direction) 函数,并将 array 对应的值传入,可以移动一次方格,循环此步骤若干次便可随机打乱排列规则的数字,生成一个数字被随意打乱的 4×4 的方阵,在 onShow()函数中调用 initGrids()函数。

（3）计时重新开始和游戏成功。为使数字按顺序排列后才显示游戏成功界面,需要添加一个栈 stack,类名设定为 stack,使画布先进栈,成功时界面显示在画布上方,在栈 stack 组件中增加一个容器 div,类名为 subcontainer,以 isShow 控制该容器是否进栈,当 isShow 为 true 时进栈,增加文本组件 text,类名为 gameover,并赋值游戏成功,最后为重新开始按钮增加一个单击事件 click,所调用的函数为 restartGame。

在 index.css 中描述添加界面组件的样式。

首先,在 index.js 中描述界面中组件的交互情况。其次,在 data 函数中对 isShow 赋值为 false,将开头的全局变量 grids 赋值删除,增加一个 onInit()函数对 grids 赋值,并调用 initGrids()和 this.drawGrids()函数,在 onShow()函数中增加一个计时器 setInterval(),创建一个 gameover()函数,判断数字是否有序排列,即判断游戏是否成功。最后,创建单击重新开始按钮所自动调用的 restartGame()函数。

（4）完整代码见本书配套资源"文件 77"。

26.3.2　游戏整合

本部分包括项目创建、界面切换和界面跳转。

1. 项目创建

创建两个新的 pages,分别命名为 index 和 heibaifanqi,如图 26-4 所示。

2. 界面切换

打开 config.json 文件,在 JavaScript 的 pages 中添加 pages/heibaifanqi/heibaifanqi,如图 26-5 所示。

在 index.hml 中添加相应的界面组件。在基础容器 div 中添加 swipe 属性,用于响应滑动事件,赋予一个自动调用的 changeGame 函数。

图 26-4　项目创建目录结构

```
< div class = "container" onswipe = "changeGame">
    < image src = "/common/hm1.png" class = "img"></image>
</div>
```

在 index.js 中描述界面中组件的交互情况。界面跳转语句为 router.replace,为此,需要导入 router,创建一个 Game(direction)函数,参数为滑动方向,当滑动方向为左或者右时,调用语句 router.replace,跳转到 heibaifanqi,再创建一个 changeGame(event)函数,参数为一个事件,用于调用 Game 函数。

```
import router from '@system.router';
export default {
    data: {
    },
```

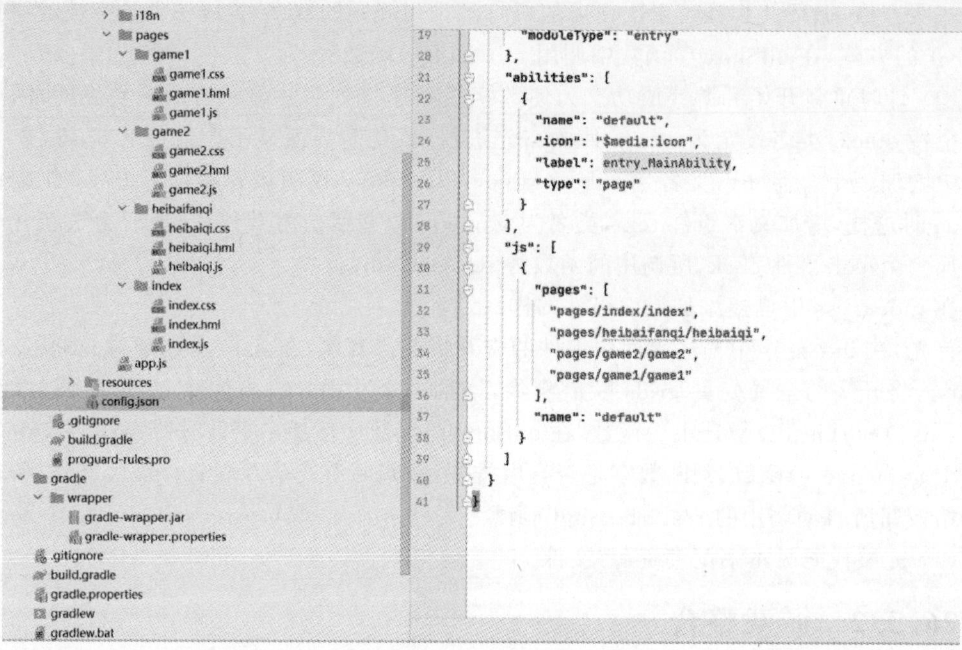

图 26-5　界面切换

```
changeGame(event){
    this.Game(event.direction);
},
Game(direction){
    if (direction == 'left' || direction == 'right'){
        router.replace({
            uri:'pages/heibaifanqi/heibaiqi'
        });
    }
},
```

3. 界面跳转

界面跳转步骤如下。

（1）初始界面到游戏界面的跳转。首先在 js 文件夹下创建 pages 文件夹，然后在 pages 文件夹下创建 game1 和 game2 文件夹用于存放游戏文件，如图 26-6 所示。

在数字华容道上显示一个按钮，用于跳转到游戏界面，需要将图片组件存入栈中，所以添加一个栈，stack 类名为 stack，还需要一个按钮组件 button，类名为 bit，增加一个单击事件 click，并使图片组件先进栈，按钮组件后进栈。

```
< div class = "container" onswipe = "changeGame">
    < stack class = "stack">
        < image src = "/common/hm1.png" class = "img"></ image >
        < input type = "button" class = "bit" onclick = "startGame"/>
    </ stack >
</div>
```

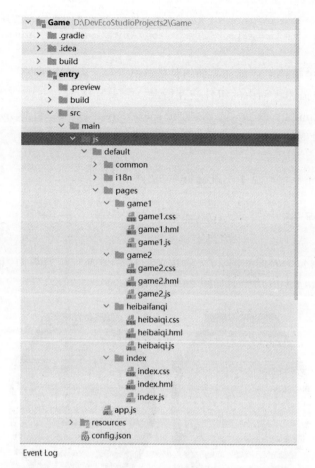

图 26-6　界面跳转

在 index.css 中编写添加组件的样式。

在 index.js 中描述界面的组件交互情况。需要导入 router,编写单击按钮时所自动调用的 startGame()函数,调用语句 router.replace,跳转到 game1。

```
import router from '@system.router';
startGame(){
    router.replace({
        uri:'pages/game1/game1'
    });
}
```

（2）游戏界面到初始界面的跳转。在 game1.hml 中添加相应的界面组件和 button,类名为 bit2,增加一个响应单击事件 click 和自动调用的函数 returnGame,用于返回到游戏初始界面,并且要使两个按钮水平排列,将这两个按钮存入另一个基础容器 div 中,类名为 container2。

```
<div class = "container2">
```

```
< input type = "button" value = "重新开始" class = "bit1" onclick = "restartGame"/>
< input type = "button" value = "返回" class = "bit2" onclick = "returnGame"/>
</div >
```

在 game1.css 中描述上述添加界面组件的样式。

在 game1.js 中描述界面中的组件交互情况。需要导入 router 及编写单击按钮时所自动调用的 returnGame()函数，调用语句 router.replace，跳转到 index，并且要调用 clearInterval 清除计时器。

4. 完整代码

游戏整合开发完整代码见本书配套资源"文件 78"。

文件 78

26.4　成果展示

打开 App,应用初始界面如图 26-7 所示；左右滑动游戏初始界面,单击游戏名进入游戏,如图 26-8 所示；游戏成功界面如图 26-9 所示。

图 26-7　应用初始界面

图 26-8　数字华容道和黑白棋游戏界面

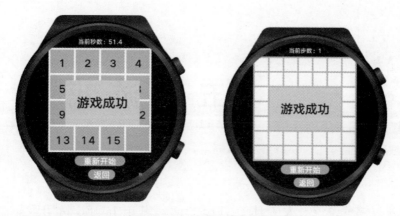

图 26-9 游戏成功界面

项目 27

五 子 游 戏

本项目通过鸿蒙系统开发工具 DevEco Studio，基于 JavaScript 开发一款五子游戏 App，实现 AI 对弈。

27.1 总体设计

本部分包括系统架构和系统流程。

27.1.1 系统架构

系统架构如图 27-1 所示。

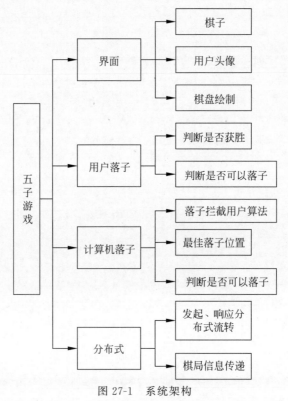

图 27-1　系统架构

27.1.2 系统流程

系统流程如图 27-2 所示。

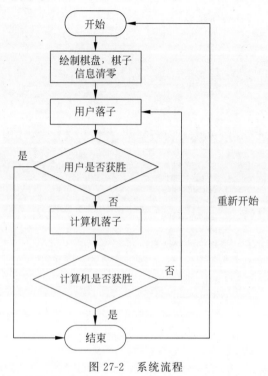

图 27-2 系统流程

27.2 开发工具

本项目使用 DevEco Studio 开发工具,安装过程如下。

(1) 注册开发者账号,完成注册并登录,在官网下载 DevEco Studio 并安装。

(2) 下载并安装 Node.js。

(3) 新建设备类型和模板,首先,设备类型选择 Phone 和 TV;然后,选择 Empty Feature Ability(JavaScript);最后,单击 Next 按钮并填写相关信息。

(4) 创建后的应用目录结构如图 27-3 所示。

(5) 在 src/main/js 目录下进行五子游戏的应用开发,在 src/main/java 目录下进行分布式相关配置。

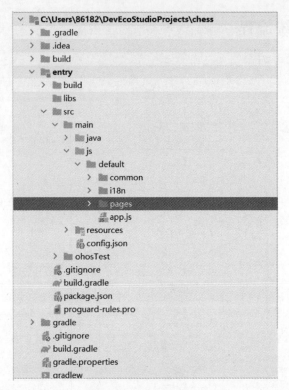

图 27-3　应用目录结构

27.3　开发实现

本项目主要包括界面设计和程序开发,下面分别给出各模块的功能介绍及相关代码。

27.3.1　界面设计

本部分包括图片导入、界面布局和完整代码。

1. 图片导入

将需要的图片导入 project 中,选好用户头像、计算机头像、手机端背景图、TV 端背景图(.jpg 格式),保存在 js/default/common 文件夹下,如图 27-4 所示。

2. 界面布局

五子游戏的界面布局设计如下。

(1) 使用画布组件绘制棋盘区域。

```
drawRectangleBoard() {                      //棋盘绘制
    for( let index = 0 ; index < this.rowLineNum ;index++){
        //绘制横线,x轴不变,y轴变化
        this.cxt.beginPath();
```

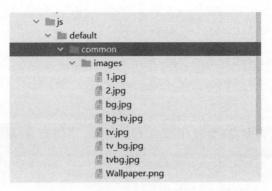

图 27-4　图片导入

```
this.cxt.moveTo(this.boxPadding,this.boxPadding + index * this.boxSize);
        this.cxt.lineTo(this.canvasSize – this.boxPadding,this.boxPadding + index *
this.boxSize);
        this.cxt.closePath();
        this.cxt.stroke();
    }
    for( let index = 0 ; index < this.colLineNum ;index++){
        //绘制竖线,x轴变化,y轴不变
        this.cxt.beginPath();

this.cxt.moveTo(this.boxPadding + index * this.boxSize,this.boxPadding);
this.cxt.lineTo(this.boxPadding + index * this.boxSize,this.canvasHeight – this.boxPadding);
        this.cxt.closePath();
        this.cxt.stroke();
    }
},
```

(2) 绘制对弈双方头像、背景(以用户为例,计算机头像、背景类似)。

```
drawBoardBackground() {                    //用户头像背景
    var img = new Image();
    img.src = "/common/images/1.jpg";  //用户头像
    img.onload = () =>{
        this.drawRectangleBoard();
    }
},
```

(3) 绘制棋子。

```
drawChess(x,y){
    console.info(" ===== drawChess x:" + x + " y:" + y);
    //每次落子之前,把 x 和 y 的位置设置为标识符 1,避免重复落子
    this.chessboard[x][y] = 1
    var px = this.boxPadding + x * this.boxSize;
    var py = this.boxPadding + y * this.boxSize;
    this.cxt.beginPath();
    this.cxt.arc(px, py,13,0,2 * Math.PI)
    this.cxt.closePath();
```

```
        if(!this.me){
            this.cxt.fillStyle = "white"
        }else{
            this.cxt.fillStyle = "black"
        }
        this.cxt.fill();
    },
```

（4）判断是否有一方获胜，若有，则显示相关信息；若没有，则继续进行。

```
checkWin(x,y){//获胜判断
        for(var index = 0; index < this.count ;index++){
            if(this.wins[x][y][index]){
                //如果是用户落子,则在自己的统计中添加次数
                if(this.me){
                    this.myWin[index] += 1;
                    if(this.myWin[index] == 5){
                        this.over = true;                      //游戏结束
                        prompt.showToast({                     //弹窗提示
                            message:"恭喜,你赢了!",
                            duration:3000
                        })
                    }
                }else{
                    this.computerWin[index] += 1;              //计算机落子
                    if(this.computerWin[index] == 5){
                        this.over = true;                      //游戏结束
                        prompt.showToast({                     //弹窗提示
                            message:"很遗憾,你输了!",
                            button:[                           //再来一局
                                {
                                    text:'重新再来',
                                    color:'#666666',
                                }
                            ],
                            success: function(data){
                                router.push({
                                    uri:"pages/index/index"
                                })
                            },
                            cancel:function(){
                                console.info('dialog cancel callback');
                            },
                        });
                    }
                }
            }
        }
    },
```

3. 完整代码

界面设计完整代码见本书配套资源"文件 79"。

27.3.2　程序开发

本部分包括程序初始化、获胜规则、用户落子、获胜判断、计算机落子和完整代码。

1. 程序初始化

对游戏背景宽度、棋盘规格、棋盘信息、游戏状态、赢法统计等多个数据进行初始化设置,相关代码如下。

```
data: {
    cxt:{},
    deviceList: [],                //可授权的设备
    isGame:false,                  //是否为游戏界面,如果不是游戏界面,则授权界面
    countdown: 3,
    //type = 0 默认未收到消息 ;type = 1 允许启动游戏;type = 2 拒绝启动游戏
    type:0,
    rowLineNum:15,                 //行数
    colLineNum:15,                 //列数
    boxSize:30,                    //宽和高相同
    canvasWidth:12 * 30,
    canvasHeight:15 * 30,
    lineNum:12,                    //行数和列数相同
    canvasSize:360,                //宽和高相同
    boxPadding:15,                 //内边距
    me:true,                       //判断是否用户下棋
    over:false,                    //判断游戏是否已结束
    chessboard:[],                 //棋盘数组
    myWin:[],                      //自己的赢法统计
    computerWin:[],                //对方的赢法统计
    wins:[],                       //所有的赢法统计
    count:0,                       //赢法统计
    localNetWorkId:'',             //本地设备的 networkId
},
```

2. 获胜规则

五子棋所有获胜情形包括横线、竖线、正斜线、反斜线,相关代码如下。

```
initWinGroup(){
        //初始化赢法数组 x、y、groupid(第几组赢法)
        for(var i = 0;i < this.rowLineNum;i++){
            this.wins[i] = []
            for(var j = 0;j < this.rowLineNum;j++){
                this.wins[i][j] = []
            }
        }
        //记录 x 赢法数组(横线赢法)
        for(var i = 0;i < this.rowLineNum;i++){
            for(var j = 0;j < this.rowLineNum - 4;j++){
```

```
        for(var k = 0;k < 5;k++){
            this.wins[j + k][i][this.count] = true
        }
        this.count++
    }
}
//记录 y 赢法数组(竖线赢法)
for(var i = 0;i < this.rowLineNum;i++){
    for(var j = 0;j < this.rowLineNum - 4;j++){
        for(var k = 0;k < 5;k++){
            this.wins[i][j + k][this.count] = true
        }
        this.count++
    }
}
//正斜线赢法数组
for(var i = 0;i < this.rowLineNum - 4;i++){
    for(var j = 0;j < this.rowLineNum - 4;j++){
        for(var k = 0;k < 5;k++){
            this.wins[i + k][j + k][this.count] = true
        }
        this.count++
    }
}
//反斜线赢法数组
for(var i = 0;i < this.rowLineNum - 4;i++){
    for(var j = this.rowLineNum - 1;j > 3;j--){
        for(var k = 0;k < 5;k++){
            this.wins[i + k][j - k][this.count] = true
        }
        this.count++
    }
}
},
```

3. 用户落子

落子时,首先判断游戏是否结束,若结束则返回;然后判断是否轮到用户落子,若不是,则返回。落子时,判断当前位置是否被占,若不是,则正常落子,在当前位置绘制棋子,随后进行获胜判断,若未获胜,则交换落子方,相关代码如下。

```
onPressChess(e){//落子
        //游戏是否已结束
        if(this.over){
            return
        }
        //如果不是用户落子,即计算机落子,则直接返回
        if(!this.me){
            return
        }
```

```
let x = Math.floor(e.touches[0].localX/this.boxSize)
let y = Math.floor(e.touches[0].localY/this.boxSize)
//判断当前位置是否有棋子,0表示没有,1表示有,不可落子
if(this.chessboard[x][y] == 0){
    //在x和y这个位置画棋子
    this.drawChess(x,y);
    //判断是否有人获胜
    this.checkWin(x,y);
    //如果游戏未结束,则交换落子方,计算机可继续落子
    if(!this.over){
        this.me = !this.me;
        this.computerAI()
    }
}
},
```

4. 获胜判断

程序需要进行获胜判断,相关代码如下。

```
checkWin(x,y){                                      //获胜判断
    for(var index = 0; index < this.count ;index++){
        if(this.wins[x][y][index]){
            //如果是用户落子,则在自己的统计中添加次数
            if(this.me){
                this.myWin[index] += 1;
                if(this.myWin[index] == 5){
                    this.over = true;               //游戏结束
                    prompt.showToast({              //弹窗提示
                        message:"恭喜,你赢了!",
                        duration:3000
                    })
                }
            }else{
                this.computerWin[index] += 1;       //计算机落子
                if(this.computerWin[index] == 5){
                    this.over = true;               //游戏结束
                    prompt.showToast({              //弹窗提示
                        message:"很遗憾,你输了!",
                        button:[                     //再来一局
                            {
                                text:'重新再来',
                                color:'#666666',
                            }
                        ],
                        success: function(data){
                            router.push({
                                uri:"pages/index/index"
                            })
                        },
                        cancel:function(){
```

```
                                    console.info('dialog cancel callback');
                                },
                            });
                        }
                    }
                }
            }
        },
```

5. 计算机落子

计算机需要判断当前最佳落子位置,对用户当前棋子信息和计算机当前棋子信息进行打分,判断是需要拦截用户潜在的最佳落子位置还是选择计算机的最佳落子位置,相关代码如下。

```
computerAI(){                                           //AI落子
        //计算每个棋子所在的分值,评估最佳落子位置
        var myScore = []
        var computerScore = []
        for(var i = 0;i < this.rowLineNum;i++){
            myScore[i] = []
            computerScore[i] = []
            for(var j = 0;j < this.rowLineNum;j++){
                myScore[i][j] = 0
                computerScore[i][j] = 0
            }
        }
        //打分
        var maxScore = 0;
        var maxX = 0;
        var maxY = 0;
        //计算最高分
        for(var i = 0;i < this.rowLineNum;i++){
            for(var j = 0;j < this.rowLineNum;j++){
                //计算最优的落子位置
                //棋盘上没有落子的位置
                if(this.chessboard[i][j] == 0){
                    for(var k = 0;k < this.count;k++){
                        if(this.wins[i][j][k]){
                            //用户棋子分数
                            if(this.myWin[k] == 1){
                                myScore[i][j] += 200
                            }else if(this.myWin[k] == 2){
                                myScore[i][j] += 400
                            }else if(this.myWin[k] == 3){
                                myScore[i][j] += 1000
                            }else if(this.myWin[k] == 4){
                                myScore[i][j] += 10000
```

```
                }
                //计算机棋子分数
                if(this.computerWin[k] == 1){
                    computerScore[i][j] += 220
                }else if(this.computerWin[k] == 2){
                    computerScore[i][j] += 440
                }else if(this.computerWin[k] == 3){
                    computerScore[i][j] += 1600
                }else if(this.computerWin[k] == 4){
                    computerScore[i][j] += 30000
                }
            }
        }
        //拦截
        //@ts-ignore
        if(myScore[i][j] > maxScore){          //拦截用户潜在最佳落子位置
            maxScore = myScore[i][j];
            maxX = i;
            maxY = j;
        }else if(myScore[i][j] == maxScore){
            // @ts-ignore
            if(computerScore[i][j] > maxScore){
                maxX = i;
                maxY = j;
            }
        }
        //落子
        //@ts-ignore
        if(computerScore[i][j] > maxScore){
            maxScore = computerScore[i][j];
            maxX = i;
            maxY = j;
        }else if(computerScore[i][j] == maxScore){
            // @ts-ignore
            if(myScore[i][j] > maxScore){
                maxX = i;
                maxY = j;
            }
        }
    }
}
this.drawChess(maxX,maxY);                      //绘制棋子
this.checkWin(maxX,maxY);                       //检查是否有人获胜
if(!this.over){                                 //游戏未结束,交换落子方
```

```
            this.me = !this.me
        }
    },
```

文件 80

6. 完整代码

程序开发完整代码见本书配套资源"文件 80"。

27.4　成果展示

打开 App,应用初始界面如图 27-5 所示,图中以 TV 设备为例,与手机端界面类似。中间是棋盘,两边是对弈双方的头像信息,左上角是重新开始按钮和其他设备按钮。游戏开始棋盘信息为空,首先由用户落子,然后计算机自动落子,如图 27-6 所示;当用户获胜,弹窗提醒,1.5s 后消失,单击重新开始按钮,棋局清零,如图 27-7 所示;当计算机获胜,弹窗提醒,1.5s 后消失,单击重新开始按钮,棋局清零,如图 27-8 所示。

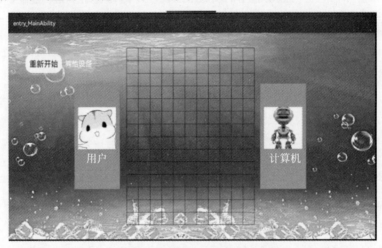

图 27-5　应用初始界面

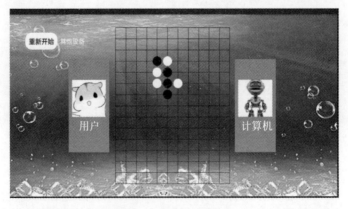

图 27-6　游戏运行界面

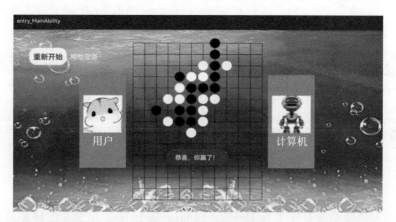

图 27-7　用户获胜界面

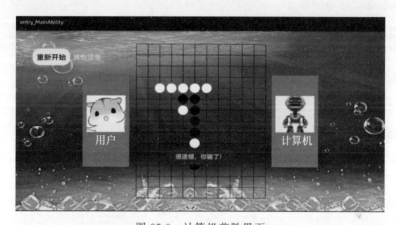

图 27-8　计算机获胜界面

项目 28

分 布 游 戏

本项目通过鸿蒙系统开发工具 DevEco Studio,基于 Java 开发一款鸿蒙服务卡片的分布游戏,实现游戏积分等功能。

28.1 总体设计

本部分包括系统架构和系统流程。

28.1.1 系统架构

系统架构如图 28-1 所示。

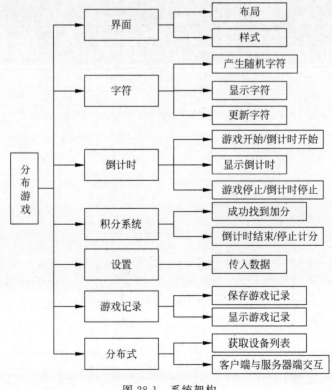

图 28-1 系统架构

28.1.2 系统流程

系统流程如图 28-2 所示。

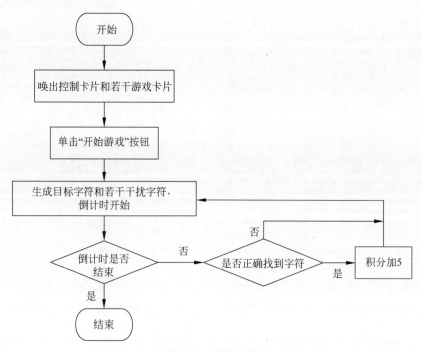

图 28-2 系统流程

28.2 开发工具

本项目使用 DevEco Studio 开发工具,安装过程如下。

(1) 注册开发者账号,完成注册并登录,在官网下载 DevEco Studio 并安装。

(2) 下载并更新 HarmonyOS SDK。

(3) 新建项目,填写相关信息,模板选择 Empty Ability(Java),项目类型选择 Application,设备类型选择 Phone。

(4) 创建后的应用目录结构如图 28-3 所示。

(5) 在 SRC 目录下创建 1×2 和 2×4 服务卡片(Service Widget),类型选择 JavaScript,创建后应用目录如图 28-4 所示。

(6) 在 src/main/java 目录下进行分布游戏的应用开发。

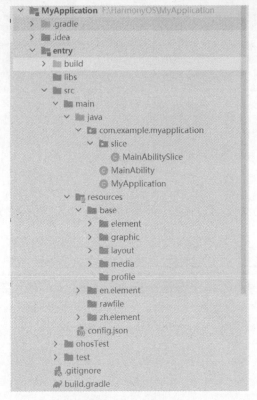

图 28-3　应用目录结构

图 28-4　服务卡片目录结构

28.3　开发实现

本项目包括界面设计和程序开发,下面分别给出各模块的功能介绍及相关代码。

28.3.1　界面设计

本部分包括图片导入、界面布局和完整代码。

1. 图片导入

首先,将选好的控制卡片背景图导入 GamePanel/common 文件夹中;然后,将主界面背景图、设置界面背景图、应用图标导入 base/media 文件夹中,如图 28-5 所示。

2. 界面布局

游戏界面布局设计如下。

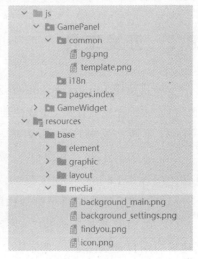

图 28-5　图片导入

1）控制卡片 GamePanel

在 CSS 文件的.pic_title_container 中设置正确的背景图片路径。

background – image: url('common/bg.png');

在 HML 文件中将选好的图片 bg.png 设置为背景。

< div class = "pic_title_container" onclick = "settings" > </div >

2）使用文本组件设置卡片上的文本格式

```
< text style = "text – align: center; width: 30 % ; font – size: 60px; color: ♯ A52A2A;">
{{randomChar}}</text >
```

3）使用按钮组件设置开始、停止及多屏三个按钮的格式

```
< button onclick = "start" type = "capsule" style = "opacity: 0.7;margin – right: 10px;text –
align: center;width: 33 % ;">开始</button >
```

4）确定卡片布局，由局部到整体编写 HML 文件

5）游戏卡片 GameWidget

（1）设置卡片左右两侧的文本格式和背景色。

```
< div style = "width: 100 % ;">
<!-- 背景色随机产生 -->
< div style = " flex – direction: column; width: 50 % ; height: 100 % ; background – color:
{{ backgroundColor1 }};" onclick = "messageEvent1">
        <!-- 字符文本格式 -->
        < text class = "title" style = "left: {{left1}};top: {{top1}};color: {{color1}};font –
size: 30px;opacity:1">{{ leftValue }}</text >
    </div >
    < div style = " flex – direction: column; width: 50 % ; height: 100 % ; background – color:
{{ backgroundColor2 }};" onclick = "messageEvent2">
        < text class = "title" style = "left: {{left2}};top: {{top2}};color: {{color2}};font –
size: 30px;opacity:1">{{ rightValue }}</text >
    </div >
    </div >
```

（2）主界面、设置、设备列表、积分榜界面通过 XML 语言编写，布局全部使用 DirectionalLayout，使用组件包括 Text、Textfield、Image、Button 和 ListContainer，下面给出各组件的基本模式。

```
< Text
        ohos:id = " $ + id:text_empty"
        ohos:height = "40vp"
        ohos:padding = "5vp"
        ohos:width = "match_parent"
        ohos:top_margin = "5vp"
        ohos:text_alignment = "center"
        ohos:text = "未发现鸿蒙设备"
        ohos:text_color = "♯FF0000"
        ohos:text_size = "18fp"
        ohos:weight = "1"
        />
```

```
Textfield
<TextField
        ohos:id = " $ + id:textfield_random_interval"
        ohos:height = "match_content"
        ohos:width = "match_parent"
        ohos:text_size = "20vp"
        />
Image
<Image
        ohos:id = " $ + id:imageComponent"
        ohos:height = "match_content"
        ohos:width = "match_parent"
        ohos:image_src = " $media:font_help_title_zh"
        ohos:top_margin = "70vp"
        ohos:bottom_margin = "50vp"
        ohos:scale_x = "2"
        ohos:scale_y = "2"
        />
Button
<Button
        ohos:id = " $ + id:button_show_records"
        ohos:top_margin = "30vp"
        ohos:height = "50vp"
        ohos:width = "match_parent"
        ohos:text = "查看积分榜"
        ohos:text_size = "20vp"
        ohos:background_element = " $graphic:background_button"
        />
ListContainer
<ListContainer
        ohos:id = " $ + id:container_list"
        ohos:height = "match_content"
        ohos:width = "match_parent"/>
```

各组件的属性 id、height、width、padding、margin、text、text_size 和 text_alignment 等，根据实际情况进行更改和删减。

文件 81

3. 完整代码

界面设计完整代码见本书配套资源"文件 81"。

28.3.2　程序开发

本部分包括程序初始化、字符、倒计时、积分系统、设置、游戏记录和分布式功能。

1. 程序初始化

对控制卡片和游戏卡片的显示数据、游戏倒计时、得分增量、字符刷新时间，当前用户进行初始化设置。

2. 字符

本部分包含产生随机字符、显示随机字符、更新随机字符。

3. 倒计时

倒计时和卡片更新属于并发事件，故需要给倒计时系统另开一个线程。当游戏开始

（startFlag＝true）且剩余时间大于 0 时，倒计时开始，并利用上面通用的方法更新卡片，以显示倒计时。若剩余时间等于 0，则令 startFlag＝false，游戏结束。

4．积分系统

当单击正确卡片时需要加分，所以要为游戏卡片添加动作，以传递单击信息。

5．设置

定义变量后，将设置数据保存在变量中。

6．游戏记录

本部分包括保存游戏记录和显示游戏记录。

7．分布式功能

分布式功能包括获取设备列表及客户端与服务器端交互。

程序开发相关代码见本书配套资源"文件 82"。

文件 82

28.4 成果展示

打开 App，应用初始界面为游戏说明，如图 28-6 所示；上滑应用图标唤出控制卡片及若干游戏卡片，单击开始按钮，游戏开始，如图 28-7 所示；单击控制卡片，进入设置界面，如图 28-8 所示。单击查看积分榜按钮，进入积分榜界面，如图 28-9 所示；单击控制卡片上的多屏按钮，进入设备列表界面，如图 28-10 所示。

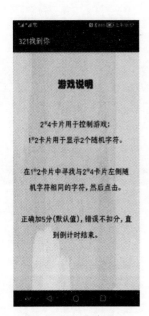

图 28-6 初始界面

图 28-7 运行界面

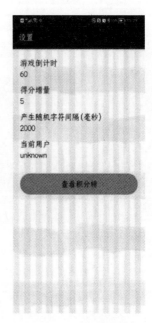

图 28-8 设置界面

图 28-9　积分榜界面

图 28-10　设备列表界面

项目 29

记 忆 游 戏

本项目通过鸿蒙系统开发工具 DevEco Studio，基于 JavaScript 开发一款游戏 App，实现记忆游戏。

29.1 总体设计

本部分包括系统架构和系统流程。

29.1.1 系统架构

系统架构如图 29-1 所示。

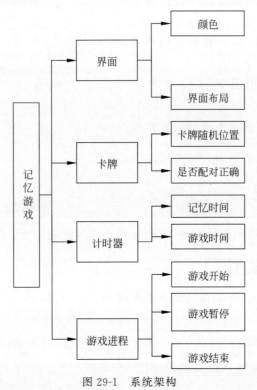

图 29-1 系统架构

29.1.2　系统流程

系统流程如图 29-2 所示。

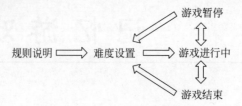

图 29-2　系统流程

29.2　开发工具

本项目使用 DevEco Studio 开发工具,安装过程如下。

（1）注册开发者账号,完成注册并登录,在官网下载 DevEco Studio 并安装。

（2）下载并安装 Node.js。

（3）新建设备类型和模板,首先,设备类型选择 Phone;然后,选择 Empty Feature Ability (JavaScript);最后,单击 Next 按钮并填写相关信息。

（4）创建后的应用目录结构如图 29-3 所示。

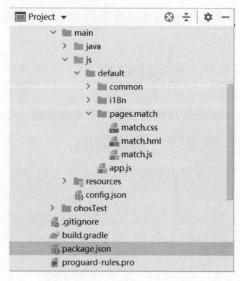

图 29-3　应用目录结构

（5）在 src/main/js 目录下进行记忆游戏的应用开发。

29.3　开发实现

本项目包括界面设计和程序开发,下面分别给出各模块的功能介绍及相关代码。

29.3.1　界面设计

本部分包括图片导入、界面布局和完整代码。

1. 图片导入

首先,将选好的界面图片导入 project 文件中;然后,将卡牌图片(.png 格式)保存在 js/default/common/images 文件夹下,如图 29-4 所示。

2. 页面布局

记忆翻牌游戏的界面布局如下。

（1）设置牌组位置。一列四张卡牌，十二张卡牌共分为三组，左右两边共六组。

图29-4 图片导入

```
< div class = "row">
            < image class = "image" disabled = "{{ cards
[0]. dab }}" src = "common/images/{{ cards [0]. src }}. png"
onclick = "turnover(0)"></image>
            < image class = "image" disabled = "{{ cards
[1].dab }}" src = "common/images/{{ cards[1].src }}.png" onclick = "turnover(1)"></image>
            < image class = "image" disabled = "{{ cards[2].dab }}" src = "common/images/
{{ cards[2].src }}.png" onclick = "turnover(2)"></image>
            < image class = "image" disabled = "{{ cards[3].dab }}" src = "common/images/
{{ cards[3].src }}.png" onclick = "turnover(3)"></image>
        </div>
        < div class = "row">
```

（2）设置中间控制栏位置。

```
</div>
        < div class = "middle">
            < text style = "height: 20 % ;" disabled = "{{ notice || gameset || pause || popup
}}" onclick = "gamestop">{{ thetime }}</text>
            < label style = "height: 80 % ; border: 3px; border - bottom - color: black;">
</label>
        </div>
```

（3）使用 CSS 选择器，实现对 HTML 界面元素（弹窗样式）的控制。

```
.all_popup {
    flex - direction: column;
    justify - content: center;
    align - items: center;
    background - color: #ccaabbcc;
    border - radius: 30px;
}
```

（4）根据操作及游戏进程显示相应弹窗，游戏结束代码如下。

```
</div>
    < div class = "all_popup" style = "height: 80 % ; width: 50 % ;" show = "{{ popup }}">
        < text class = "title">{{ result }}</text>
        < button class = "btn" onclick = "restart">重新开始</button>
        < button class = "btn" onclick = "toset">返回设置</button>
    </div>
```

3. 完整代码

界面设计完整代码见本书配套资源"文件83"。

文件83

29.3.2 程序开发

本部分包括程序初始化、游戏时间设置、打乱牌堆、时间正/反计时、翻牌及盖牌、重新开始机制和完整代码。

1．程序初始化

对游戏初始界面、时间设置、游戏状态、卡牌位置等多个数据进行初始化设置。

```
data: {
        rule: "游戏规则:在一定时间内尽可能地记住左右两边各 12 张十二生肖牌的对应位置,并
在限定时间内将两边相同的牌一一配对.",
        notice: true,
        cards: Cards,                    //24 张牌
        L_dab: true,                     //左边可单击
        R_dab: true,                     //右边可单击
        tick: true,                      //倒计时或正计时
        pause: false,                    //暂停窗口标识符
        gameset: false,                  //游戏设置窗口显示标识符
        metime: MeTime,                  //倒计时时长
        maxtime: MaxTime,                //最大游戏时长
        thetime: 0,                      //时长显示
        tempindex: null,
        tempqueue: [],                   //明牌队列
        score: 0,
        result: "",                      //游戏结果
        popup: false,
    }
```

2．游戏时间设置

玩家根据难度分别设置记忆时间和最大游戏时间。

```
timeset(time, alter) {
    if(time == "metime") {
        if((5 <= this.metime + alter) && (30 >= this.metime + alter)) {
            this.metime += alter;
        }
    }
    else {
        if((20 <= this.maxtime + alter) && (120 >= this.maxtime + alter)) {
            this.maxtime += alter;
        }
    }
},
```

3．打乱牌堆

使用两个循环分别打乱两边卡牌顺序。

```
mess_up() {
    var Lindex, Rindex;
    var temp;                    //临时置换变量
    var ran;                     //随机下标
    var LLL = new Array;
    var RRR = new Array;
    //打乱左边图标(0~11)
```

```
    for(Lindex = 0; Lindex < 12; Lindex++) {
        ran = Math.floor(Math.random() * 12);
        temp = this.cards[Lindex];
        this.cards[Lindex] = this.cards[ran];
        this.cards[ran] = temp;
    }
    //打乱右边图标(12~23)
    for(Rindex = 12; Rindex < 24; Rindex++) {
        ran = Math.floor(Math.random() * 12) + 12;
        temp = this.cards[Rindex];
        this.cards[Rindex] = this.cards[ran];
        this.cards[ran] = temp;

            for(var all = 0; all < 24; all++) {
        this.cards[all].src = this.cards[all].index;
    }
```

4. 时间正/反计时

对记忆时间进行倒计时,游戏时间进行正计时,并设置一个语句进行游戏时间判断。若在游戏时间结束前完成,则游戏成功,否则游戏失败。

```
//启动倒计时
    this.memory();
},
//倒计时记忆时间
memory() {
    setdown = setInterval(() => {
        this.thetime -- ;
        if(0 >= this.thetime) {
            //单击游戏开始,开始正向计时
            clearInterval(setdown);
            this.tick = false;
            this.L_dab = false;
            this.R_dab = false
            //盖上图片
            for(var all = 0; all < 24; all++) {
                this.cards[all].src = "unknown";
                this.cards[all].dab = false;
            }
            this.timing();
        }
    }, 1000);
},
//正向计时,监控匹配判断,超时判断,完成判断
timing() {
    setadd = setInterval(() => {
        this.thetime += 1;
        console.info(JSON.stringify(this.tempqueue));
        if(1 < this.tempqueue.length) {
            //执行判断
```

```
                    this.cover();
                }
                if(12 <= this.score) {
                    clearInterval(setadd);
                    this.result = "游戏胜利!";
                    console.info("游戏胜利!");
                    this.popup = true;
                    this.L_dab = true;
                    this.R_dab = true;
                }
                if(this.maxtime <= this.thetime) {
                    clearInterval(setadd);
                    this.result = "超时失败";
                    console.info("超时失败");
                    this.popup = true;
                    this.L_dab = true;
                    this.R_dab = true;
                }
            }, 1000);
        },
```

5. 翻牌及盖牌

设置配对逻辑，若配对成功，则无须重新盖牌，反之，重新盖牌。

```
//重新盖牌
        cover() {
            if(this.cards[this.tempqueue[0]].index != this.cards[this.tempqueue[1]].index) {
                console.info("配对失败");
                this.cards[this.tempqueue[0]].src = "unknown";
                this.cards[this.tempqueue[0]].dab = false;
                this.cards[this.tempqueue[1]].src = "unknown";
                this.cards[this.tempqueue[1]].dab = false;
            }
            else {
                console.info("配对成功");
                this.score += 1;
            }
            this.tempqueue.splice(0, 2);
        //if(1 < this.tempqueue.length) {
        //this.cover();
        //}
        },
        //翻牌
        turnover(index) {
            console.info("单击了" + index);
            if(this.cards[index].src != "unknown") {
                console.info("请翻其他牌");
                return;
            }
            this.tempqueue.push(index);
            this.cards[index].src = this.cards[index].index;
```

```
            this.cards[index].dab = true;
            if(index < 12) {
                this.L_dab = true;
            }
            else {
                this.R_dab = true;
            }
            if((true == this.L_dab) && (true == this.R_dab)) {
        //this.cover();
                this.L_dab = false;
                this.R_dab = false;
            }
        },
```

6. 重新开始机制

开始后,重新初始化并打乱牌堆。

```
    restart() {
        this.L_dab = true;
        this.R_dab = true;
        this.tempqueue = [];
        this.score = 0;
        this.popup = false;
        this.pause = false;
        this.gameset = false;
        this.tick = true;
        clearInterval(setdown);
        clearInterval(setadd);
        this.thetime = this.metime;
        for(var all = 0; all < 24; all++) {
            this.cards[all].src = "unknown";
            this.cards[all].dab = false;
        }
        this.mess_up();
    }
```

7. 完整代码

程序开发完整代码见本书配套资源"文件84"。

文件84

29.4　成果展示

　　打开 App,应用初始界面如图 29-5 所示;游戏开始时首先会弹出规则,单击知道了按钮之后进入难度设置界面,如图 29-6 所示;难度设置完成后,开始游戏,顶部计时器记忆时间进行倒计时,倒计时结束则开始游戏,如图 29-7 所示;记忆结束后顶部计时器开始正向计时,游戏进行界面如图 29-8 所示;单击中间时间键可以暂停游戏,且未配对卡牌保持背面,如图 29-9 所示;顶部计时器正向计时到最大时,游戏结束,如图 29-10 所示;游戏胜利界面如图 29-11 所示。

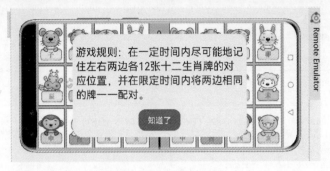

图 29-5　应用初始界面

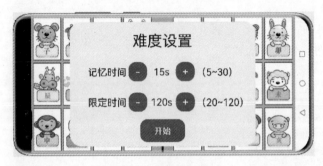

图 29-6　难度设置界面

图 29-7　游戏记忆界面

图 29-8　游戏进行界面

图 29-9　游戏暂停界面

图 29-10　游戏失败界面

图 29-11　游戏胜利界面

项目 30

抽 奖 系 统

本项目通过鸿蒙系统开发工具 DevEco Studio，基于 Java 开发一款抽奖系统 App，实现注册、登录、抽奖、查询等功能。

30.1 总体设计

本部分包括系统架构和系统流程。

30.1.1 系统架构

系统架构如图 30-1 所示。

30.1.2 系统流程

系统流程如图 30-2 所示。

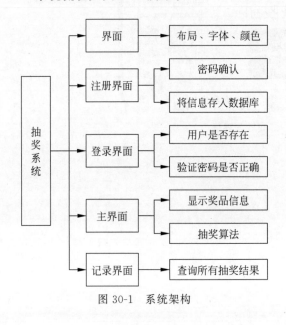

图 30-1 系统架构

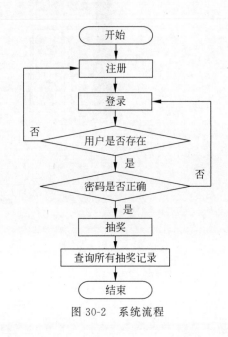

图 30-2 系统流程

30.2　开发工具

本项目使用 DevEco Studio 开发工具,安装过程如下。

(1) 注册开发者账号,完成注册并登录,在官网下载 DevEco Studio 并安装。

(2) 新建设备类型和模板,首先,设备类型选择 Phone;然后,选择 Empty ability (Java);最后,单击 Next 按钮并填写相关信息。

(3) 创建后的应用目录结构如图 30-3 所示。

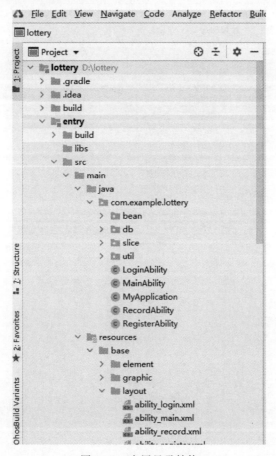

图 30-3　应用目录结构

(4) 在 src/main/resources/base/layout 中完成界面设计,src/main/java 中完成后台设计。

30.3　开发实现

本项目包括界面设计和程序开发,下面分别给出各模块的功能介绍及相关代码。

30.3.1　界面设计

本部分包括图片导入、界面布局（组件样式）和完整代码。

1. 图片导入

将选好的图片文件（.jpg 格式）保存在 src/mian/resources/base/media 文件夹下，如图 30-4 所示。

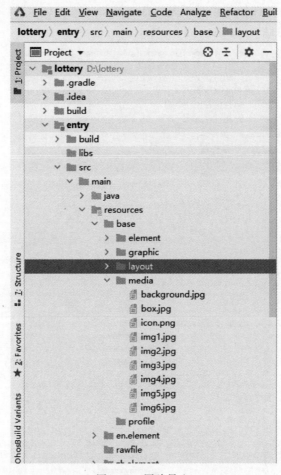

图 30-4　图片导入

2. 界面布局

本部分介绍抽奖系统的组件样式。

（1）按钮样式。

```
<? xml version = "1.0" encoding = "utf - 8" ?>
< shape
    xmlns:ohos = "http://schemas.huawei.com/res/ohos"
    ohos:shape = "rectangle">
```

```
    < corners ohos:radius = "20vp"/>
    < stroke ohos:color = " # 666699"
            ohos:width = "1vp"/>
    < solid ohos:color = " # FFFFFF"/>
</shape >
```

（2）文本框样式。

```
    <? xml version = "1.0" encoding = "utf - 8" ?>
< shape
    xmlns:ohos = "http://schemas. huawei. com/res/ohos"
    ohos:shape = "rectangle">
    < corners ohos:radius = "5vp"/>
    < stroke ohos:color = " # 666666"
            ohos:width = "2vp"/>
    < solid ohos:color = " # BDFCC9"/>
</shape >
```

（3）弹窗提示样式。

```
    <? xml version = "1.0" encoding = "utf - 8" ?>
< shape xmlns:ohos = "http://schemas. huawei. com/res/ohos"
        ohos:shape = "rectangle">
    < solid ohos:color = " # 7FFFD4"/>
</shape >
```

本部分介绍抽奖系统界面。

（1）注册界面。

```
< DirectionalLayout
    xmlns:ohos = "http://schemas. huawei. com/res/ohos"
    ohos:height = "match_parent"
    ohos:width = "match_parent"
    ohos:background_element = " $media:background"
    ohos:alignment = "horizontal_center"
    ohos:padding = "15vp"
    ohos:orientation = "vertical">
</DirectionalLayout >
```

（2）登录界面。

```
< DirectionalLayout
    xmlns:ohos = "http://schemas. huawei. com/res/ohos"
    ohos:height = "match_parent"
    ohos:width = "match_parent"
    ohos:background_element = " $media:background"
    ohos:padding = "15vp"
    ohos:orientation = "vertical">
</DirectionalLayout >
```

（3）主界面。

```
< DirectionalLayout
```

```
    xmlns:ohos = "http://schemas. huawei. com/res/ohos"
    ohos:height = "match_parent"
    ohos:width = "match_parent"
    ohos:alignment = "center"
    ohos:orientation = "vertical">
</DirectionalLayout>
```

（4）查询记录界面。

```
< DirectionalLayout
    xmlns:ohos = "http://schemas. huawei. com/res/ohos"
    ohos:height = "match_parent"
    ohos:width = "match_parent"
    ohos:alignment = "horizontal_center"
    ohos:orientation = "vertical">
</DirectionalLayout>
```

3. 完整代码

文件 85

本部分包括登录界面、注册界面、主界面、查询记录界面、弹窗提示，相关代码见本书配套资源"文件85"。

30.3.2　程序开发

本部分包括登录、注册、抽奖、查询所有中奖记录和数据库的建立/使用。

1. 登录

进入登录界面，对组件进行初始化设置。

2. 注册

对注册界面的相关组件进行初始化。

3. 抽奖

本部分包括初始化和抽奖算法的相关代码。

4. 查询所有中奖记录

在抽奖界面单击查询记录，触发查询数据库，直接在查询记录界面显示结果。

5. 数据库的建立/使用

采用本地关系型数据库，需要两个数据表，一个在注册登录时用于确认用户信息(tbl_user)，

文件 86

另一个在抽奖时记录用户的抽奖结果(tbl_log)。

程序开发相关代码见本书配套资源"文件86"（包括数据的调用与读取）。

30.4　成果展示

打开 App，应用初始界面如图 30-5 所示；单击注册按钮，进入注册界面，如图 30-6 所示；注册成功后跳转到登录界面，登录成功后进入抽奖界面，如图 30-7 所示；抽奖结束后，单击抽奖记录按钮可进入查询界面，查询所有记录，如图 30-8 所示。

图 30-5　应用初始界面(登录)

图 30-6　注册界面

图 30-7　主界面(抽奖)

图 30-8　查询记录界面